[illegible] Wagener Del. 1787. F. C. [illegible]

Anleitung
zur
sichern Erziehung
und
zweckmäßigen Anpflanzung,
der
einheimischen und fremden
Holzarten,
welche
in Deutschland und unter ähnlichem Klima
im Freyen fortkommen.

Von
F. A. L. von Burgsdorf,
vormahligem Königl. Preuß Geheimen Rathe, Oberforstmeister der Kurmark Brandenburg, öffentlichem Lehrer der Forstwissenschaft und Mitgliede vieler gelehrten Gesellschaften.

Dritte revidirte und verbesserte Ausgabe.

Erster Theil.
Mit Einem Kupfer.

Mit Königl. Preuß. Privilegio.

Berlin, 1805.
In der Buchhandlung des Geheimen Com. Raths Joachim Pauli.

Anzeige
im Junius 1786.

In der schönen und nützlichen Baumzucht würden schon weit grössere, von edeln Patrioten gewünschte Fortschritte gethan worden seyn: wenn nicht überall die Gelegenheit fehlte – gute, frische Saamen mannigfaltiger Holzarten, in gehöriger Auswahl, nach Beschaffenheit des Klima und mit sicherer Anleitung zur Behandlung und Kultur jeder Art, zu rechter Jahreszeit, — in aufrichtigen Sorten zu bekommen.

Durch Betrug, — und durch vergebliche, aufs Gerathewohl angestellte Versuche mit fremden und einheimischen Holzsaamen, sind viele Liebhaber abgeschreckt worden, sich ferner selbst etwas zu erziehen. Es hat dieses doch einen unbezweifelten Vorzug, vor Ankaufung junger, übelerzogener, schlecht verpackter und unrichtig benannter Bäume und Sträuche zu theuren Preisen, aus weit entlegenen Ländern, und aus andern Klima und Boden. Von solchen Stämmen darf man nur sehr unvollkommenes Vergnügen und gar keinen Nutzen erwarten.

Das bekannte gute Gedeihen meiner, auf Königlich Preußische Rechnung betriebenen Baumzucht, — reizt zwar sehr viele Liebhaber der Kultur; ich kann aber ihren Wünschen nicht durch den Verkauf junger Bäume entsprechen. Ich bin hingegen durch eine sehr weitläuftige Bekanntschaft und vieljährige glückliche Erfahrung in den Stand gesetzt: den **Liebhabern der Baumzucht und englischer Gärten**, am besten und sichersten zu willfahren, und ihnen eine Menge verschiedener **Saamen** von solchen Bäumen und Sträuchen, die unserm Deutschlande, und den unter ähnlichem Klima liegenden Ländern vollkommen angemessen sind, — mit sicherer Anleitung zur Kultur jeder Art, in die Hände geben zu können.

Um mich also durch Ausbreitung der wohlthätigen Baumzucht gemeinützig zu machen, auch dem Verlangen und Anliegen so vieler Männer bis in die entferntesten Gegenden zu genügen: so habe ich den Entschluß gefaßt, — **jährlich** gegen den Frühling, **ein** Sortiment von

> **hundert fremden** und **einheimischen**, frischgesammelten, den Winter über gut verwahrten **Wald- und Fruchtbaum-Saamen**, unter botanisch-richtiger Benennung, in lateinischer, deutscher, französischer und englischer Sprache, **mit gedruckter, ausführlicher Anleitung**, zur gehörigen baumschulmäßigen Behandlung einer jeden Sorte bis zur Pflanzung der Zöglinge an den Ort ihrer Bestimmung, — mit Anmerkung ihres Nutzens und mit Bezug auf die besten Schriftsteller von Holzarten — **in Kisten** — **zum Preise von zwölf Thalern zwölf Groschen in Golde** (oder 4½ spec. Dukaten) ꝛc. **auf Pränumeration**, das Porto ungerechnet — unter meiner Direction, ausgeben zu lassen.

Ich wähle besonders einen so wohlfeilen Preis, und darnach verhältnißmäßige Quantität Saamen jeder Art: — damit auch weniger bemittelte Liebhaber und Wißbegierige, mit einer solchen Kiste die Ausbreitung hundert schöner und nützlicher Gewächse vornehmen können. Auch damit Liebhaber der Naturkunde und der darauf vernünftig gestützten Forstwissenschaft und Oekonomie, Gelegenheit erhalten, sich auf eine leichte und wohlfeile Art, zugleich ein richtig bestimmtes **Saamenkabinet** von den vornehmsten Holzarten anzulegen; als wozu ebenfalls Anleitung gegeben werden wird. Eine solche Kiste (für 2½ Fr.d'or) wird außerdem hinreichend seyn: eine **Pepiniere** (Saamenschule) von 90 Rheinl. Quadratruthen, oder von 10 zwölfschuhigen Ruthen lang und 9 dergleichen breit, mit Saamen vollständig zu belegen; in der Folge und nach Anleitung, dreymal so viel Platz in Baumschulenreihen zu besetzen, und nach einigen Jahren, eine sehr ansehnliche Sammlung verschiedner Holzarten davon ins Freie auspflanzen zu können.

Die Anstalt zur Saamenschule, für eine oder mehrere gleiche Kisten, kann nach obigem Verhältniß jeder Pränumerant, welcher seine Adresse, Briefe und Gelder **bis zum 12 September** dieses und jeden Jahres an mich postfrei eingesendet hat, — ganz sicher im Voraus treffen, um bei Empfang der Saamenkiste — alles in Bereitschaft zu haben, wozu auch Nummerstöcke zur Bezeichnung der 100 Sorten gehören.

Ich bin genöthigt, den Weg der Pränumeration zu wählen: damit ich in Zeiten auf die zu sammelnde Menge Saamen schließen könne; deren ich viele, unmittelbar aus Nordamerika, von eigenen, geschickten Leuten ziehe. Es fällt auch von selbst auf: daß dieses Geschäfte nicht im Kleinen statt finden könne, sondern durch die Menge und Ausbreitung gezwungen werden müsse Ich werde daher denjenigen Auswärtigen, welche an ihren Wohnörtern Pränumeration annehmen, und den Liebhabern die Korrespondenz an mich abnehmen wollen, — bei Einsendung der Gelder oder Anweisungen auf Berlin, **sechs pro Cent Rabatt** zugestehen.

Zur Saamenschule selbst ist ein dicht und gut verhägter, weder der Ueberschwemmung noch der Dürre ausgesetzter Platz — auf frischem, doch ungedüngtem Boden in beschützter Lage zu wählen, tüchtig umzugraben, festzutreten, und in Beete zu 4 Fuß oder Schuh breit abzutheilen: zwischen welchen allemal Steige gelassen werden.

Mit den Sorten soll nach Möglichkeit jährlich abgewechselt werden: um den Liebhabern nach und nach zu immer größerer Mannichfaltigkeit zu verhelfen.

Mein, mit vieler Vorsicht befestigter, öffentlicher Ruf, wird mich beim **wohlgesinnten Publikum**, hoffentlich, wider voreilige und schiefe Beurtheilungen guter und billiger Absichten, deren Erfolg freilich erst erwartet werden muß — vertreten. Meine Freude wird ohne Gränzen seyn, wenn ich auch bei dieser Gelegenheit mich werde rühmen können, die Früchte meiner Bemühungen — auf die entferntesten Länder und Zeiten mit gutem Erfolg verbreitet zu haben.

F. A. L. von Burgsgdorf.

Vorbericht des Verfassers.

zur ersten Auflage.

Die vorstehende Anzeige, welche in verschiedenen Sprachen in Europa verbreitet worden ist, hat sogleich sehr viele Liebhaber ermuntert, die Mittel zu einer regelmäßigen Baumzucht zu ergreifen. Um so mehr werde ich, nach bewiesenem Erfolge, mir für die Zukunft gerechten Beifall meines Unternehmens, und den ämsigen Liebhabern der Holzkultur, dieses so wohlthätigen Geschäfts, starke Fortschritte versprechen können.

Das gegenwärtige Werk wird in seinem ganzen Inhalte mein uneigennütziges Bestreben, das Plantagenwesen nach sichern Gründen auszubreiten, in helles Licht setzen.

Ohne die Liebhaber zu nöthigen, von meinem Holzsaamen-Institute Gebrauch zu machen, überlasse ich einem jeden, durch öffentliche Ausgabe dieser Anleitung, sich daraus nach

Gefallen bei der Baumzucht zu berathen, und die beliebigen Saamen wo und wie gefällig — anzuschaffen.

Ich bin indessen überzeugt, daß diejenigen sich nicht getäuscht finden werden, welche mit einem so seltenen als tüchtigen Sortimente von hunderterlei Holzarten bei mir — den Versuch gemacht haben, und den vorgeschriebenen gehörigen Fleiß anwenden wollen, ohne welchen der Erfolg der Absicht und meinen Wünschen freilich nicht entsprechen kann!

Es ist gewiß, daß mancherlei sehr gemeine und überall in Menge zu habende Arten darunter befindlich sind. Ich bin inzwischen aber auch versichert, daß die Kultur selbst der allergemeinsten Holzarten noch größtentheils sehr fehlerhaft betrieben wird. Ich weiß ferner, wie schwer es hält, sich ein Sortiment tüchtiger Saamen zu verschaffen, oder nur einzelne Sorten gut zu bekommen; daß auch den mehresten Liebhabern die Gelegenheit und Bekanntschaft fehlt, solche zu erlangen; denn es wäre zum Beispiel anzuführen, daß einige Pfund gemeinen Birkensaamens da, wo es Birken in Menge giebt, und viel 1000 Scheffel gesammelt werden können, auf 40 Meilen weit verschrieben worden sind.

Es wird also wohl nicht wider die reine Absicht der zweckmäßigen Lehre und der praktischen Anleitung zur Baumzucht laufen, sondern vielmehr den Fortschritten des eigentlichen Forstwesens, dieses wichtigen Theils der Oekonomie, gemäß seyn, über den sichern und baumschulmäßigen Anbau der einheimisch-deutschen, als der immer schätzbarsten Arten, zugleich mit Unterricht zu ertheilen, und die Samen zur praktischen Anwendung der Lehre mit zu geben, um durch diese Kleinigkeiten zu großen Kenntnissen gelangen, und durch kleine glückliche Versuche belehret zu größeren Unternehmungen im Forstwesen übergehen zu können.

Der vollständige, erfahrungsmäßige Unterricht zur Kultur auch aller derjenigen fremden Strauchholzarten, welche in Deutschland und unter ähnlichem Klima im Freien fortkommen, wird denen nur besonders willkommen seyn, welche sich entweder schon mit Anlegung englischer Gärten befaßt haben, oder doch damit beschäfftigen wollen; denn allgemeine Vorzüge vor unsern — haben nur sehr wenige fremde Holzarten.

Unsere Eichen-, Büchen-, Ulmen-, Ellern-, Birken-Laubhölzer, und unsere Kiefern-, Tannen-, Fichten- und Lerchen-Nadelhölzer werden sehr wenig fremden Baumsorten, in Absicht der Nutzbarkeit und Güte des Holzes — den Rang einräumen!

In den Händen bloßer Liebhaber bleibt daher der Anbau der schönen Strauchhölzer meistentheils Spielwerk — höchstens ein guter Zeitvertreib; desto wichtiger aber ist er unter den Händen philosophischer Kenner, welche über alles Beobachtungen und Versuche anstellen, und dabei ihr Vaterland auf eine erlaubte und rechtmäßige Art mit fremden Schätzen bereichern, die über lang oder kurz geltend werden, indem wir dadurch immer mehr Produkte zur Nahrung und Bequemlichkeit — gewinnen, und anwenden lernen.

Die wirkliche Unwissenheit, und der daher gewöhnlich folgende schlechte Fortgang der Pflanzungen haben bei vielen den Ekel wider das Pflanzen überhaupt erreget. Der Verlust an Zeit und Geld ist aber denjenigen vielmehr selbst zuzuschreiben, die nur alles auf ein blindes Gerathewohl, ohne Belehrung und Gründe: — und also wider die Natur der Sachen unternehmen. Eben diejenigen, welche das Baumpflanzen durchaus verachten, und unter allen Umständen die Saat (welche ihnen eben nicht besser gelingt) vorziehen, sprechen freilich aus Erfahrung, weil sie planlos und ohne Kenntniß gewühlet, und nichts erzeuget, also nur erst die betrübten Folgen ihrer Fehler, ohne die Ursachen zu wissen, erfahren und gefühlet haben!

Elend ausgeschriebene, durch Druckfehler vermehrte und verbesserte einzelne Anweisungen zur Holzkultur werden nie Nutzen stiften, noch diese Wissenschaft auf einen festen Fuß setzen, welche, wie alle übrigen, auf eigene, sichere und unumstößliche Gründe gebaut werden muß; folglich der Unterricht darin weder wider die Vernunft- noch Naturlehre anstoßen darf, indem er Lokalumständen angepaßt wird.

Wenn erst viele Jahre ohne hinlängliche praktische Belehrung vergeblich gearbeitet, Kosten verwendet, üble Folgen und Erfahrungen gesammelt, wieder andere unsichere Versuche gemacht worden, tritt endlich Mißtrauen und Widerwille ein, und man ist abgeschreckt, etwas nach sichern Gründen zu unternehmen. Ich befürchte zum voraus, daß diese Blätter in die Hände keiner geringen Menge solchergestalt getäuschter Liebhaber kommen und da fruchtlos liegen bleiben dürften, bis fremde

Beispiele vom Erfolge dieser richtigen Grundsätze sie von neuem mit Liebhaberei beseelen, diese in ihnen Vorurtheile zerstreuen, und sie dann den rechten Weg führen werden, der ihrer neuern Absicht entsprechen kann.

Ich hoffe aber auch, daß dieses Werkchen in den Händen eines großen Haufens seiner Leser sofort Nutzen stiften, Kenntnisse verbreiten und glückliche Versuche bewirken werde.

Es wird, in Absicht des Ganzen, darauf ankommen: ob die deutschen Regenten ihren Forstbedienten &c. Gelegenheit geben wollen, sich sicher unterrichten, und auch eine Uebersicht des nöthigen, vernünftigen Plantagenwesens durch diese Mittel erwerben zu können.

Selbst dem gelehrtern Theile der Baumzuchtliebhaber, werden diese Anleitungen nicht unangenehm seyn, noch überflüßig scheinen können; denn sie enthalten in möglichster Kürze, den systematischen, kunstmäßigen Inbegriff der Objekte und des Erfolgs; stellen alles in einer übersichtlichen, planmäßigen Richtigkeit und Ordnung dar — die dem größesten Theile, der sogenannten geschickten Forstmänner, Planteurs und Gärtner, noch immer im Ganzen gefehlet hat; und gleichwohl doch — zum bessern

Betrieb dieser äußerst wichtigen Geschäfte ganz ohnentbehrlich ist. Durch das jährlich so wohlfeil zu habende Sortiment Saamen, liegt auch immer das Mittel zur Anwendung der hier gegebenen Lehren bereit.

Die praktisch genaue Befolgung meiner Anleitung, muß also das Resultat geben, ob sie nützlich und nöthig sey oder nicht; und ob ich folglich auf Beifall oder Tadel rechnen dürfe.

Nach allem diesen, habe ich mich nunmehro auch mit denenjenigen insbesondere zu unterhalten, welche an meinem Saameninstitute Antheil genommen haben, noch nehmen — oder solches unterlassen werden. Den erstern ist dies Werk, welches wohl nicht in der Art erwartet werden konnte, hiermit obenein beigefügt. Diejenigen, welche in Zukunft noch Antheil nehmen werden — haben es zu erwarten; weil jeder Kiste jährlich ein vollständiges Exemplar beider Theile beigeleget werden wird. Diejenigen, welche es nicht gut, oder ihren Umständen nicht angemessen finden sollten, die Sache praktisch zu treiben, sich folglich mit den theoretischen Begriffen begnügen, — auch diese können dies bloße Werk bekommen, und dürfen sich nur desfalls an die Buchhandlungen ihrer Orte wenden. Diese, auf dreierlei Art mit mir in Verbindung stehenden, und noch darein kommenden Personen, theile ich —

in Kenner, und
in Nichtkenner.

Den erstern habe ich nichts weiter zu sagen, als was im Buche selbst stehet, welches alles hierdurch der öffentlichen Beleuchtung Preis gegeben wird. Mich soll es um des Besten der Sache freuen, wenn ich Belehrungen über Fehler bekomme, wovon diese kleine mühsame Urarbeit auch nicht ganz frei seyn kann.

Die Empfänger der Kisten, erinnere ich vor der Aussaat an meine in der Anzeige vom Juni 1786 vorläufig gemachte Bemerkung:

„daß zugleich bei dieser Gelegenheit zum „Unterrichte, Nutzen und Vergnügen, eine „Saamensammlung oder ein Saamenka„binet angeleget werden könne."

Zu diesem Behuf, darf man nur von jeder Sorte etwas zurückbehalten, in besondern Fächern, Gläsern oder kleinen Schachteln verwahren, und diese, mit der, auf jedem Saamenpäckchen befindlichen richtigen Bezeichnung versehen, welche mit den laufenden Nummern dieses Werkes übereinkömmt.

Man wird auf solche Art zur richtigen Kenntniß der Saamen selbst gelangen, und durch die, in jedem Jahre auszugebenden, vielen, verschiedenen Sorten, eine solche Sammlung nach und nach immer vollständiger machen.

Der zweiten Klasse, den Nichtkennern, füge ich hiermit ein für allemal zu wissen, daß es ohnmöglich sey — im Voraus zu melden, welche Holzsorten in dem Jahre Saamen tragen möchten, und welche davon in ganz Europa, in dem nördlichen Asien und in Nordamerika für mich gesammlet und gegen den folgenden Frühling abgeschickt werden dürften; daß also auf dergleichen Fragen nach Saamenverzeichnissen keine befriedigende Antwort erfolgen könne. Denn noch jetzt im Februar, da ich dieses schreibe, habe ich erst 60 Sorten beisammen; und muß bis Ende März, die folgenden 40, nach eröffneter Schiffahrt — erwarten.

Eben dieses zeichnet mein Unternehmen vom gewöhnlichen Saamenhandel aus. Die alten und übergelegenen Saamen erkläre ich, wenige Sorten ausgenommen — für untauglich, und halte deren Absatz im folgenden Jahre für Betrug. Es gehöret also allerdings — sehr viel Mühe und Betrieb dazu, in einem

Jahre die Saamen von hundert tauglichen, der Absicht und unserm Klima angemessenen Holzarten, in Menge anzuschaffen, auszubreiten, und völlig abzusetzen; wozu manufakturmäßige Anstalten getroffen werden müssen.

Nichtsdestoweniger werden doch in jedem Jahre verschiedene solche Sorten vorkommen, welche in dem vorhergehenden, in denen ganz überein verpackten Saamen-Kisten noch nicht befindlich gewesen sind; dieses wird aber den Liebhabern, wegen der gewünschten Mannichfaltigkeit zu statten kommen. Keine Einzige — wird ganz zu verachten, vielmehr aber — aus jeder — bei hinlänglichen Kenntnissen Nutzen oder Vergnügen zu erwarten seyn. — Selbst jede einheimische Holzpflanze wird keinen englischen Garten entstellen, in so ferne sie gehörig erzogen und geschmackvoll angebracht worden ist.

Ueber den Geschmack beim englischen Gartenwesen, sollte wohl billig die Theorie der schönen Gartenkunst, dieses vortreffliche und nicht genug zu erhebende Werk des königl. dänischen Justitzrathes, Herrn Hirschfeld, in Kiel, welcher damit in Deutschland, Frankreich und Italien, Epoche macht, zu Rathe gezogen werden. Denn es ist allerdings erbärm-

lich

lich anzusehen, wie die schöne Natur öfters in den Gärten von Gärtnern gemißhandelt wird.

In Absicht der, beim Forstwesen anzuwendenden eigentlichen Pflanzungsgeschäfte hoffe ich das Wesentliche in diesem Werke ausführlich abgehandelt zu haben, und man darf sich also desfalls nur nach Gefallen belehren.

Den eigennützigen Empfängern meiner Saamenkisten und Nichtkennern habe ich noch öffentlich zu Gemüthe zu führen, daß, weil solche 12 Rthlr. 12 Gr. kosten und 100 Sorten enthalten; folglich nur für 3 Gr. von jeder Sorte erwartet werden könnte, wenn auch keine Kisten-, Magazin-, Verpackungs-, Druck-, Kupferstecher-, Papier-, Avertissements-, Speditions-, Rabatt- und viele mir zur Last fallende Correspondenz- und Buchhalterkosten zu tragen wären.

Hieraus wird denn aber wohl hervorgehen, daß die Empfänger gar wohl zufrieden zu seyn Ursache haben würden, wenn nächst dieser gedruckten Anleitung, von jeder der hundert Sorten für zwei Groschen im Durchschnitt in einer Kiste befindlich wäre.

Kenner wissen es, wie wenig für zwei Groschen ausländische Holzsaamen erfolgen können, und nur diese sind im Stande, den wahren innern Werth einer meiner Kisten nach ihrer Kenntniß zu schätzen. Es sind also eben die ganz gemeinen, deswegen doch eben so schätzbaren und noch vorzüglichern Sorten, welche die fremden, mit denen sie in Absicht der Menge in Verhältniß gebracht sind, aufhelfen, damit von den gemeinen und unbedeutenden sehr wenig (dem Werthe nach), und von den fremden und schätzbarsten verhältnißmäßig sehr viel gegeben werden könne. Ueberhaupt aber ist so viel in einer Kiste befindlich, daß außer der zurück zu behaltenden Saamensammlung, der Inhalt einer Saamenschule von 90 Quadratruthen (meiner Zusage gemäß) vorschriftmäßig bestellt werden kann.

Es würde lächerlich seyn, wenn ich von Pappeln, Weiden rc. Saamen beifügen wollte, da deren Vermehrung viel leichter, sicherer und geschwinder durch Stecklinge geschehen kann. Dergleichen Sorten habe ich, weil die Absendungszeit der Saamen dieser Vermehrungsart angemessen ist, den Kisten — auch in Stecklingen beigefüget. Ueberhaupt aber wird man nicht ein mehreres verlangen, als für den zur Bequemlichkeit aller Arten von Liebhabern sehr niedrig gesetzten Preis in einer solchen Kiste erwartet werden darf, deren freilich sehr viele zu einer großen Anlage gehören würden.

Von der Güte der Saamen kann nur aus dem glücklichen Erfolge der Versuche derjenigen geurtheilt werden, die bei deren Kultur Fleiß anwenden und meinen Rath genau befolgt haben. So wie ich zu meiner eigenen Ueberzeugung jährlich selbst eine Kiste säen werde.

Man wird also billig seyn, und meine guten Absichten, dem Publikum nützlich dienen zu wollen, nicht mißdeuten.

Das wird mich dann zu noch mehreren nützlichen Unternehmungen aufmuntern, und manche Hindernisse aus dem Wege räumen, welche sich sonst den besten Absichten entgegen setzen. Denn da meine mit vielen Kosten ausgerüsteten, wohlunterrichteten, sehr geschickte Leute, welche vormahls schon Saamengeschäfte in Amerika betrieben haben, wieder glücklich in Nordamerika angelangt sind: so hoffe ich, den deutschen und fremden Höfen und Kammern, auch bemittelten Privatpersonen und Handlungen, außer den beständigen Saamenkisten, von hundert Sorten zu kleinen Versuchen — noch besondere ansehnliche Saamenlieferungen, zu großen wilden Forstanlagen von den nutzbarsten Nordamerikanischen Waldbäumen in einzelnen Sorten machen zu können, wenn sie ihre Bestellungen ganz unfehlbar vor Ende jeden Maimonates zum kommenden Frühjahre schriftlich und alles postfrei bei mir eingeben.

Die in solcher Absicht schätzbarsten Sorten, von welchen eine oder mehrere beliebig gewählt werden können, sind: der rothe und Zuckerahorn; die zähe und die schwarze Birke; die Amerikanische dauerhafte Kastanie; die schwarze Esche; alle Arten Nordamerikanischer Wallnüsse; die rothe Ceder; der Tulpenbaum; die Weymouths-Kiefer und Canadische Fichte; die Virg. Traubenkirsche; die kastanienblättrige und rothe Eiche; die weißblühende Acazie und der Nordamerikanische Lebensbaum.

Die Preise sollen in Verhältniß gegen alle bisher aus Amerika gezogene Saamen äußerst wohlfeil seyn, damit den Liebhabern eine leichte und sichere Gelegenheit verschafft werde, sich mit den vortrefflichsten Schätzen jenes entlegenen Welttheiles zu bereichern, wozu ich nach meinen Kräften nicht allein durch diesen Unterricht, sondern auch durch uneigennützige, ja selbst durch gewagte Unternehmungen dem Publikum die Hände biete.

Da ich mich aber bei meinen Geschäften auf keine Detailkrämerei einlassen kann, so wird von einer Sorte keine einzelne Bestellung unter zehn Louisd'or angenommen werden, wobei die eine Hälfte gleich pränumeriret, die andere aber gleich nach Erhaltung der Nachricht, daß der Saame in Europa angelangt sey, unfehlbar entrichtet werden muß *).

Sind die verlangten Saamen in dem Jahre nicht gerathen, und folglich nicht zu verschaffen: so wird die Pränumeration auf jede fehlende Sorte zurück gezahlt werden, wenn sie nicht ausdrücklich auf jenen Fall auch für das folgende Jahr bestimmt worden ist, wofür ich mit meinem bereiten Vermögen hafte.

Nur unter solchen billigen Bedingungen ist es möglich, ein so kostbares Unternehmen dauerhaft zu machen, und zum Vortheil des Publikums, ohne meinen Schaden, nachstehende geringe Preise zu geben, indem ich auch schon alles in Amerika voraus bezahlen, und doch noch für den Schiffbruch und das Verderben der Saamen allein haften muß, weil die Assekuranz mir nicht die Saamen in Natura ersetzen kann. Ohne diese Pränumeration würde ich auch noch überdem, wenn al-

*) Dieses, und daß nicht unter 10 Louisd'or von einer Sorte bestellet werden könne, ist durch Errichtung der Comtoire, zur Erleichterung der Bestellungen, laut der nachstehenden neuesten Nachricht vom Institute, abgeändert worden. Anmerk. zur 2ten Aufl.

les glücklich bei mir angekommen wäre, Gefahr laufen, die Waaren auf dem Halse zu behalten, verderben zu sehen, oder aushöckern zu müssen!

Es sind nur obige wenigen eigentlich bewährten, schätzbaren und vorzüglichen Amerikanischen Baumarten, welche sich zu glücklichen deutschen Forstunternehmungen schicken, und den Gegenstand dieser Lieferungen im Großen ausmachen sollen; da die übrigen nebst diesen schon im Kleinen in dem Kisten-Sortimente zu Lust- und Lehranlagen vorangezeigtermaßen nach und nach vorkommen.

Eben so soll man auch unter meiner Direction die schätzbarsten deutschen Waldbaumsaamen im Ganzen um nachstehende sehr billige Preise erhalten können. Zu dem Ende müssen die Subscriptionen vor Ausgange Augusts und die Vorausbezahlungen gleich nach erhaltener Antwort, daß solche zu bekommen sind, bei mir postfrei eingehen; da denn manche Laubholzsaamen noch im Herbste, die Nadelholzsaamen aber im nächsten Frühlinge versandt werden sollen.

Vorrede
zur zweiten Auflage.

Durch die, seit fünf Jahren geschehenen Lieferungen sowohl einzelner Arten Holzsaamen in beträchtlicher Menge, als auch der jährlichen vielen Einhundert-Sorten Kisten — ist die Erzeugung, Vermehrung, und Naturalisirung so mancherlei schätzbarer, oder noch äußerst selten, ja bisher an den mehresten Orten noch ganz unbekannt gewesener Holzarten, zum Theil im Großen bewirket worden, welches also den Unternehmern, insbesondere für die Zukunft nützlich, jedem Staate aber überhaupt wichtig seyn muß.

Der laute Dank und Beifall — ächter Patrioten aus so vielen Ländern, würden schon Belohnung meiner Anfangs gewagten Verwendungen seyn; aber das öffentliche Zutrauen, welches ich mir auf diesem Wege erweitert und befestigt habe, sichert auch den Fortgang einer gemeinnützigen Anstalt: die nunmehr schon ganz unerschütterlich im Großen bestehet.

Mehr als ich erwartete, hat auch diese Anleitung mit meinen übrigen Werken und Schriften günstige Ausbreitung erhalten, und Kunstrichter und Liebhaber auf meine Seite gebracht.

Sowohl die Mitgabe dieser Anleitung zu den Kisten, als der starke Absatz derselben in den Buchhandlungen und in meinen Comtoiren, hat diese zweite Auflage so geschwind zu meinem Besten, in meinem Verlage veranlasset. Ich hielt mich daher auch verpflichtet, den Vortheil meiner Leser, denen es um die Baumzucht wahrer Ernst ist — hierbei nicht aus den Augen zu lassen. Meine neuern Beobachtungen, Versuche, Erfahrungen, und eingezogenen Nachrichten — sind also auch in diese zweite Auflage gekommen, und bringen solche der Vollkommenheit etwas näher, als die erste sie erreichen konnte.

Ohne das die Seitenzahl merklich vermehret worden wäre, wird man doch bei Vergleichung beider Ausgaben, die wesentlichen Vorzüge dieser neuen, — welche zugleich mit meinem ebenfalls zum zweitenmal gedruckten Forsthandbuche in Verbindung gebracht worden, und folglich als ein Theil desselben zu betrachten ist, nicht verkennen, und man wird mit dem Fleiß, welchen ich auf die zweite Auflage meiner Schriften in aller Absicht verwendet habe, zufrieden seyn können.

Die häufigen Beispiele so vieler glücklichen Anlagen nach dieser Anleitung, unter den Händen mancher Privatpersonen waren erforderlich: um auch einige Regierungen der deutschen Staaten auf diesen Gegenstand aufmerksam zu machen, und manche Kammer zu Berechnungen zu vermögen: wie geringe Ausgaben für Saamen und Kulturkosten — zum Vortheil durch Ausbreitung und Naturalisirung, nützlicher fremder Gewächse und nöthiger Kenntnißerweiterung sich verhalten?

Selbst solche Personen, welche vor fünf Jahren das Alles als unnütz und kostspielig verwarfen, sehen jetzt überall in ihrer Nachbarschaft den unerwarteten Erfolg mit Augen, und bestimmen sich — es nun auch zu versuchen, auch Theorie und Erfahrung in der Baumzucht zu sammlen, die so wohlthätig ist, und nicht — wie manche aus Vorurtheil und Unwissenheit geglaubt haben, — die Erreichung des Entzweckes bis auf mehrere Menschenalter vorenthält.

Die Zahl derjenigen, welche ich überzeugt, belehrt und mit Liebhaberei beseelet habe, steigt von Jahr zu Jahr höher; so wie deren Kenntnisse, Unternehmungen und Aussichten aus dem Kleinen ins Große.

Aber es giebt auch immer noch solche, welche durch Gärtnärränke und Faulheit ihrer Leute getäuschet und um das gute Gedeihen ihrer Saaten gebracht werden; weil sie alles — ohne selbst unterrichtet zu seyn, unwissender und öfters boshafter Behandlung Preis gegeben haben. Es giebt auch noch immer eine Art von Wirthschaftern, welche lieber auf die Erndte Verzicht thun, als diese Aussaat anwenden wollen; von Geiz beseelte Menschen, die sich nicht entschließen können, etwas zu unternehmen, folglich außer der Erhaltung im vorigen Stande weder zu kleiner Wirthschaft, noch viel weniger bei der Staatsverwaltung etwas nütze sind. Der Tadel des Institutes von solchen Personen, wird bei billig denkenden und aufgeklärten Kennern nichts erheben, denn das gute Gedeihen in den Händen derjenigen, die gehörig und vorsichtig nach meiner Anleitung bei ihren Anlagen zu Werke gegangen sind, bezeuget und beweiset die Richtigkeit der Anleitung und die Güte der gelieferten Saamen, womit jedermann ohnehin die gehörige Prüfung anstellen zu können, unterrichtet ist.

Ich halte mich verbunden, deswegen einige wenige Oerter anzuzeigen, die unter sehr verschiedenen Himmelsstrichen und Umständen sich befinden, und von welchen der gute Erfolg mir gerühmet worden ist. Man sehe außer meinen Anlagen in Tegel, des Königes Majestät Pflanzungen zu Potsdam und Charlottenburg; des Herrn Erbprinzen zu Anhalt-Bernburg; des Herrn Bischofs zu Eutin; des Oranien-Nassauischen Oberforstmeisters von Witzleben zu Dillenburg; des Doktor Anton bei Görlitz; der Universität zu Greifswalde; des Grafen von Reventlow zu Enkendorf bei Hamburg; des Landessyndikus Moege zu Liegnitz; des Herrn von Arnim zu Neusund in der Ukermark; des Baron v. der Goes bei Sprottau in Schlesien; des Justizrath Hirschfeld zu Kiel in Hollstein; der Herzogl. Würtembergschen Jägergarde zu Stuttgardt; des Grafen Alexi Rasumovsky zu Gorenke bei Moskau; des russischen Geheimenrath von Sievers zu Bauenhoff in Liefland; der Fürstin Daschkow zu Petersburg; der Wittbe Poselger in Elbingen; des Herrn von Schrötter in Westpreussen, des Professor Rezzius zu Lund in Schweden; des Reichsstiftes Salmansweiler am Bodensee; die Kurfürstl. Bayerischen Anlagen bei München; des Grafen von Sermages zu Agram in Croatien; des Grafen von Mellin zu Damitzow in Pommern; des hessischen Hofgärtner Stitzel zu Rothenburg; des Baron von Plothow zu Zettwitz bei Hoff im Voigtlande; der Baronesse von Friedland in der Mark; des Reichsgrafen von Lindenau zu Machern bei Leipzig; außer sehr vielen andern in ganz Europa, welche namentlich anzuzeigen, der Platz fehlet.

Wie man jetzt zu Allem gelangen könne, was zu dergleichen glücklichen Versuchen und Unternehmungen erforderlich ist; davon giebt die nachstehende neueste Nachricht vom Institute die nöthige Auskunft.

Es wird also von jedermann abhängen, von meinen bereit liegenden Mitteln nach Gefallen Gebrauch zu machen; wie ich denn selbst diese Anleitung bei meinen öffentlichen Vorlesungen über die Forstwissenschaft bei deren Theil der Planteur-Kunst, mit Nutzen und Beifall anwende.

Berlin, den 2. Jan. 1791.

Der Verfasser.

Preisverzeichniß der Forstbaumsaamen.

I.

Pränumerationspreise der schätzbarsten Nordamerikanischen Forstbaumsaamen.

(Ohne Fracht von Berlin.)

á Pfund 16 Gr. in Louisd'or zu 5 Rthlr.

1. Die weiße Hickerynuß. Juglans alba. Lin.
2. Die schwarze runde Wallnuß. J. nigra.
3. Die schwarze lange Wallnuß. J. oblonga.
4. Der glatte Nordamerik. Wallnußbaum. J. glabra.
5. Die Nordamerik. Kastanie. Fagus Castanea americ.
6. Die Virginische Traubenkirsche. Prunus Virginiana.
7. Die kastanienblättrige Eiche. Quercus Prinus.
8. Die Nordamerik. Scharlacheiche. Quercus rubra.

à Pfund 1 Rthlr. 8 Gr.

9. Der rothblühende Ahorn. Acer rubrum.
10. Der Zuckerahorn. Acer saccharinum.
11. Die schwarze Esche aus Neuengland. Fraxinus novae Angliae.

à Pfund 2 Rthlr.

12. Die weißblühende Acazie. Robinia Pseudo-acacia.
13. Die rothe Ceder. Juniperus Virginiana.

á Pfund 3 Rthlr.

14. Die Weymuthskiefer. Pinus Strobus.
15. Die Nordamerik. weiße Fichte. Pinus canadensis.

à Pfund 4 Rthlr.

16. Der Virginische Tulpenbaum. Liriodendron Tulipifera.
17. Die Nordamerik. zähe Birke. Betula lenta.
18. Die Virginische schwarze Birke. Betula nigra.
19. Der Nordamerikanische Lebensbaum (in Zäpfchen). Thuja occidentalis.

II.

Preisverzeichniß der schätzbarsten Deutschen Forstbaumsaamen, im Centner (à 110 Pfund) in Louisd'or zu 5 Rthlr.

(Ohne Verpackungs- und Frachtkosten von Berlin.)

1. Der gemeine Ahorn. Acer Pseudo-Platanus. Centner zu 9 Rthlr. 4 Gr. Pfund zu 2 Gr.
2. Der Spitzahorn (Lenne). Acer Platanoides. Desgl.
3. Die gemeine Birke. Betula alba. 18 Rthlr. 8 Gr. Pfund zu 4 Gr.
4. Eller. Betula Alnus. 55 Rthlr. Pfund zu 12 Gr.
5. Hornbaum (Weißbüche). Carpinus Betulus. 9 Rthlr. 4 Gr. Pfund zu 2 Gr.
6. Mastbüche Fagus sylv. 4 Rthlr. 14 Gr. Pf. zu 1 Gr.
7. Echte Kastanien. Fagus Castanea. 18 Rthlr. 8 Gr. Pfd. zu 4 Gr.
8. Gemeine Esche. Fraxinus excelsior. 9 Rthlr. 4 Gr. Pfd. zu 2 Gr.
9. Gemeine Kiefer. Pinus sylvestris. 45 Rthlr. 20 Gr. Pfd. zu 10 Gr. (Abgeflügelt).
10. Lerchenbaum. Pinus Larix. 293 Rthlr. 8 Gr. Pfund zu ½ Ld'or. (Abgeflügelt).
11. Edeltanne. Pinus Abies. (Du Roi). 36 Rthl. 16 Gr. Pfund zu 8 Gr.
12. Fichten (Rothtanne) P. Picea (Du Roi). 36 Rthlr. 16 Gr. Pfd zu 8 Gr. (Abgeflügelt).
13. Traubeneichen (Wintereichen). Quercus Robur. 2 Rthlr. 7 Gr. Pfund zu ½ Gr.
14. Stieleichen (Sommereichen). Quercus foemina. 2 Rhlr. 7 Gr. Pfund zu ½ Gr.
15. Sommerlinden. Tilia europaea. 27 Rthlr. 12 Gr. Pfd. zu 6 Gr.
16. Winterlinden. Tilia cordata. 27 Rthlr. 12 Gr. desgl.
17. Glatte Rüster (Ulme). Ulmus campestris. 36 Rthlr. 16 Gr. Pfund zu 8 Gr.
18. Rauhe Rüster. Ulmus sativa. 36 Rthlr. 16 Gr. desgl.

Berlin den 2. Jan. 1791.

F. A. L. von Burgsdorf.

Nachricht des Verlegers
zur
dritten Auflage dieser Anleitung.

Als der Herr Verfasser dieses Werkes verstorben war, kaufte ich von dessen Erben die davon noch vorräthigen Exemplare nebst dem Verlagsrechte an mich. Jetzt sind diese vergriffen, und ich muß zu einer dritten Ausgabe schreiten. Da ich aber in der Vorrede eines Holzsaamen-Institutes erwähnt finde, dieses indessen seit längerer Zeit schon eingegangen ist, und der hiesige Kunst- und Handelsgärtner, Herr Fintelmann, Holzsaamen und junge Stämme auf eigene Rechnung zu besorgen übernommen hat: so habe ich denselben ersucht, diese dritte Ausgabe mit einer Nachricht über diesen Punct zu begleiten, woraus die Leser demnach erfahren werden wie es jetzt mit dieser Anstalt steht.

Neueste Nachricht von dem mit Königl. Vorbewußt und Genehmigung seit 1786 bestehenden Holzsaamen-Institute.

Da ich nach dem Tode des Herrn Oberforstmeisters von Burgsdorf, mit dem ich mich seit 1791, als bei meiner Zurückkunft aus England, näher verbunden hatte, das Holzsaamen-Institut allein übernommen habe, und meine schon in den letzten 10 Jahren seines Lebens damit verbundenen beträchtlichen Baumschulen, mir nicht Zeit lassen, die kostspielige Correspondenz mit allen den vormahligen Herren Correspondenten, Beförderern und Collecteuren des Holzsaamen-Instituts zu unterhalten: so wäre es unnütz, die der im Jahr 1791 herausgegebenen 2ten Auflage dieses Werks beigefügte Nachricht von dem Holzsaamen-Institut hierbei mit abdrucken zu lassen, und folgende Nachricht über die Fortsetzung desselben wird hinlänglich seyn, die Herren Liebhaber und Beförderer der Holz-Kultur zu unterrichten, was sie davon ferner zu erwarten haben.

§. 1.

Das Institut beschäftiget sich gegenwärtig nun

a) mit Lieferung aller einheimischen und Nordamerikanischen Holzsaamen, welche in

Deutschland und unter ähnlichem Klima im Freien fortkommen, in großen und kleinen Quantitäten, wovon ein Preisverzeichniß jedem Liebhaber gegen portofreie Briefe zu Dienste steht.

b) Mit Lieferung guter Stecklinge von Weiden- und Pappel-Arten, welche dadurch leichter als aus dem Saamen zu erziehen sind.

c) Mit Lieferung der schon im Junius 1786 bekannt gemachten einförmigen Holzsaamen-Kisten von 100 Sorten, welche mit allgemeinem Beifall nun schon seit 18 Jahren, jährlich im Frühjahr gegen Pränumeration von 2½ Friedrichsd'or ausgegeben worden, denen die Anleitung zur sichern Erziehung und zweckmäßigen Anpflanzung der einheimischen und fremden Holzarten, welche in Deutschland und unter ähnlichem Klima im Freien fortkommen, unentgeltlich beigefügt wird.

d) Mit Lieferung vieler junger versetzbarer Stämme von allen Sorten Gehölze, zu Alleen, Hecken, englischen Anlagen, wie auch vielen Sorten Obstbäumen aus der damit verbundenen Baumschule, wovon auch die Preisverzeichnisse ausgegeben werden.

e) Mit dem Debit dieser den 100-Sorten-Kisten unentgeltlich beigefügten Anleitung 2 Theile (3te Auflage von 1805). 2 Rthlr.

§. 2.

In Ansehung des Debits obiger sämmtlichen Artikel gereicht zur Nachricht, daß

1) alle Bestellungen auf Nordamerikani-

sche Holzsaamen für den nächstfolgenden Frühling spätestens bis zum 15ten Junius hier eingehen müssen, weil vor Ende Junius schlechterdings die ganze Bestellung nach Amerika abgesandt werden muß, und ich es nicht ohne Verlust wagen kann, viel größere Quantitäten auf eine mit so vielen Kosten und Risico verknüpfte Art zu verschreiben, als ich mit Gewißheit abzusetzen rechnen kann. Von einigen Sorten, welche ihre Keimungskraft ein oder mehrere Jahre behalten, oder die ich als kurrente Artikel zu jungen Stämmen in meiner Plantage, im Fall sie nicht verkauft werden, selbst aussäe, kann ich auch wohl auf spätere Bestellungen etwas ablassen, da ich gewöhnlich etwas mehr davon verschreibe; doch ist dieses immer noch mit mehrerer Ungewißheit verknüpft, da hingegen die zur bestimmten Zeit bestellten Saamen, wenn solche für das Jahr nicht ganz mißrathen sind, gewiß im nächsten Frühling abgeliefert werden.

2) Alle Bestellungen auf einheimische Holzsaamen müssen aus eben der Ursache, wie bei den obigen angeführt worden, spätestens bis Mitte Septembers hier eingesandt werden, weil die mehresten Holzsaamen nicht folgende Jahre zum Aufgehen tüchtig sind, und man daher nicht ohne Schaden oder Betrug große Vorräthe aufsammeln, oder auf dem Lager halten kann.

3) Die Bestellungen auf die 100-Sorten-Kisten werden bis zum 1sten Januar für das kommende Frühjahr angenommen, und

sicher besorgt, welches bei später eingehenden nicht immer der Fall seyn kann, weil bei den vielen Frühlingsgeschäften oft die Zeit zu deren Anfertigung fehlt, und daher die Einrichtung derselben schon vor Ankunft der Saamen im Winter nach der bestellten Anzahl gemacht werden muß.

§. 3.

Die Sorten, welche diese Kisten enthalten werden, lassen sich nicht vorher bestimmen, wie es manche Liebhaber wünschen, weil viel Mühe dazu gehört, in einem Jahre 100 Sorten frische tüchtige Saamen und Stecklinge in gehöriger Menge anzuschaffen, und die gewöhnlich erst kurz vor der Ablieferung vollzählig wird. Es sind indeß lauter solche Holzarten darin enthalten, die in Deutschland und unter ähnlichem Klima im Freien fortkommen, und womit man eine Saamenschule von 90 Quadratruthen belegen, auch noch etwas von jeder Sorte zu einem Saamen-Cabinett zurückbehalten kann. Auch wird mit den Sorten so viel als möglich abgewechselt, damit Liebhaber die alljährlich eine Kiste nehmen, immer neue Sorten in ihrer Sammlung erhalten.

§. 4.

Alle Briefe und Bestellungen müssen franco, und der Betrag der verlangten Sachen praenumerando mit eingesandt werden, welcher sowohl von Saamen als Stämmen leicht aus den darüber ausgegebenen Preisverzeichnissen genau zu ersehen, wobei die Herren Liebhaber auch etwas auf gute Emballage rechnen müssen, welche besonders bei Bäumen und voluminösen Saamen oft beträchtliche Kosten macht. Die hierbei zuviel gezahlten Gelder, für etwa in dem Jahre nicht möglich zu liefernden Saamen, oder wenigere Emballirungs-Kosten, werden mit dem Transport jedesmahl zurück gesandt.

§. 5.

Alle Versendungen werden der Bestimmung des Einsenders gemäß mit der Post, Frachtfuhre, oder zu Wasser ausgerichtet; es sey denn, daß die beiden letztern Versendungsarten die Aussaat oder Versetzung zu sehr verspäten, und den glücklichen Erfolg vereiteln würden, so würde dafür die Postversendung gewählt werden müssen, welche bei guter Emballirung, obschon etwas kostbarer, doch in diesem Falle vorzuziehen ist, da gewöhnlich ein ganzes Jahr und oft alles darüber verlohren geht, wenn die Saamen oder Stämme nicht zu rechter Zeit in die Erde gebracht werden können.

§. 6.

Die Sicherheit und das Vorzügliche des Instituts besteht in durchaus gutem Saamen, dessen zweckmäßiger Auswahl für unser Klima, richtigen Sorten, und in der Anleitung zur zweckmäßigen Kultur derselben, wovon bereits die Beweise in den Händen so vieler Empfänger am Tage liegen, welche 1000 und mehr Pfunde von einer Sorte empfangen haben; und wird ein jeder gebeten, welcher eine Quantität Saamen aus demselben erhält, die Güte derselben in feucht zu haltenden Blumentöpfen mit Erde im warmen Zimmer zu prüfen, damit die Schuld des Mißrathens einer Aussaat, welche manchmahl durch natürliche Zufälle entsteht, nicht auf das Institut oder dessen gelieferte Saamen geschoben werden könne.

Wilhelm Fintelmann.

Erster Theil.

Allgemeine Theorie
der
deutschen Baumzucht
und
deren Erfolgs.

Kurzer Inhalt.

Einleitung.

Erster Abschnitt.

Grundsätze des Plantagenwesens überhaupt.

Zweiter Abschnitt.

Grundsätze der Holzsaat überhaupt.

Dritter Abschnitt.

Grundsätze bei den Versetzungsgeschäften.

Vierter Abschnitt.

Grundsätze bei den Auspflanzungen ins Freie.

Fünfter Abschnitt.

Grundsätze des Erfolgs aus der Baumzucht.

Sechster Abschnitt.

Deren Erzeugung, Erziehung und Auspflanzung, wird im zweiten Theile dieses Werkes praktisch gelehret.

Einleitung.

§. 1.

Absichten bei der Baumzucht.

Es würde überflüssig seyn, in ein weitläuftiges Lob der Baumzucht auszuschweifen, welche jeden reichlich belohnet, der sie gehörig und ernstlich treibt.

Es ist angemessener, dazu sichere Gelegenheit und Anleitung zu verbreiten, um in einem so wichtigen, so beliebten Fache, etwas weiter zu kommen.

Die Absichten, welche man bei der Baumzucht haben kann, sind sehr verschieden, da sie

1) Auf Linderung des Holzmangels, oder demselben vorzubeugen, gehen;
2) Die Erziehung verschiedener Manufaktur-Bäume und Sträuche;
3) Die Obstgärten;
4) Die Verschönerung der freyen Gegenden; so wie
5) deren Befriedigung durch lebendige Zäune; und

6) Die Liebhaberei beim Gartenwesen, nach dem engländischen, jetzt allgemein herrschenden Geschmack, zum Ziele haben können.

Eben so verschieden sind nun auch die Mittel, zu jeder dieser Absichten mit gutem Erfolg zu gelangen.

§. 2.

In welchen Fällen, in Absicht des eigentlichen Forstwesens, gepflanzet werden müsse.

Um dem Holzmangel vorzubeugen, oder solchen — wo er schon eingerissen ist — für die Zukunft zu lindern: werden große, weitläufige, folglich kostbare und von allen Spielwerken entfernte Unternehmungen vorausgesetzt.

Niemand wird also den Gebrauch meiner Samenkisten als einen unmittelbaren Behelf gegen den Holzmangel ansehen dürfen; so wenig, als aus gegenwärtiger Anleitung zum Plantagenwesen, mit einem Male, die Kenntnisse gesammelt werden dürften, verheerte Forsten herzustellen.

Bei großen Forstanstalten pflegt das Pflanzen nur vornehmlich zweckmäßig zu seyn, und mit gutem Erfolg Statt zu finden:

1) Wo in den großen Holzsaaten leere Flecke geblieben, und folglich nachzubessern sind.

2) Wenn ein verwilderter, mit Gras bewachsener Boden, den guten Erfolg der Saat unmöglich machen würde.

3) Wo, wegen der Viehhütung, nicht lange auf das Erwachsen der Saatpflänzchen gewartet werden darf.

4) Wenn man eine fremde, schätzbare Holzart im Großen anbauen wollte: ohne im Besitz der, zur geräumigen Aussaat erforderlichen Menge Saamen zu seyn. Endlich

5) wenn man von dergleichen Holzarten zuvörderst saamentragende Bäume erziehen will.

Nach Erwägung der eintretenden Umstände wird zu bestimmen seyn: in wie fern unerzogene Pflänzchen angewendet, oder solche vorher in Baumschulen vorbereitet werden müssen, und welche Holzarten zu wählen seyn dürften.

§. 3.

Manufaktur-Bedürfnisse an Bäumen und Sträuchen müssen überhaupt durchs Pflanzen angebauet und ausgebreitet werden.

Die Erziehung mancherlei Manufakturbäume und Sträuche, wird durchgehends einen Gegenstand des Plantagenwesens ausmachen, und nach den folgenden Methoden den besten Erfolg haben; denn es kommt hierbei allemal auf geschickte Erziehung und Vermehrung der Saatpflanzen oder Setzlinge, und auf deren tüchtige Verpflanzung und Wartung an.

§. 4.

Die Obstbaumzucht wird durchgehends in Baumschulen betrieben.

Die Fruchtbaumzucht findet auf keine andere als auf vorbemerkte Art Statt. Sie macht also in aller Absicht einen großen Theil des Baumschulwesens aus.

Jedem Staate ist die Fruchtbaumzucht äusserst wichtig, indem die daraus zu erwartenden Produkte zum Unterhalt der Menschen und Thiere sehr viel beitragen: folglich einen nicht geringen Zweig der Handlung ausmachen können. Im Ganzen ist sie noch überall vernachlässiget; wenigstens in keiner Gegend Deutschlandes zur allgemeinen, und zu solcher Vollkommenheit gekommen, als wie zu wünschen und gar wohl möglich wäre; auch von edeldenkenden Patrioten schon oft genug erinnert worden ist.

Die Obstbäume werden leicht und wohlfeil aus Samen erzeuget, und eben so leicht veredelt. Es dauert nicht lange, so wird die darauf gewendete geringe Mühe schon reichlich belohnet.

Wären nun aber die Obstbaumschulen nicht so selten, die Obstbäume folglich nicht immer gleich Kaufmannsgut: so würden nicht alle sogenannte Wildlinge auf gewaltsame Weise veredelt werden, sondern man würde mehr gute und neue Obstabänderungen aus dem Kerne, auf gesunden, unverstümmelten, folglich dauerhaften Stämmen in Menge erziehen.

Eben hierdurch sind ehedem und bei unsern Nachbarn diejenigen herrlichen Obstabänderungen entstanden, welche wir anjeßt durch Pfropfreiser zu erhalten und elend fortzusetzen suchen, ohne neue Sorten zu erlangen.

§. 5.

Die Bäume zu Alleen, Esplanaden und zur Verschönerung der Gegenden überhaupt, so wie die Stämme zu lebendigen Hecken, müssen sämmtlich in Baumschulen erzogen werden.

Die **Alleen, Esplanaden** und die Verschönerungen freyer Gegenden durch Bäume und Gesträuche; so wie die Anlegung lebendiger Hecken und Zäune zum Schutz oder zur Befriedigung der landwirthschaftlichen Grundstücke, können nicht anders als durch Pflanzungen gehörig erreichet werden. Es ist also nothwendig, dergleichen Bäume und Heckenstämme kunstmäßig zu erziehen, damit sie die Gewaltthätigkeit und die Veränderung ihres Standes bei der Auspflanzung glücklich ertragen.

Das Gedeihen aller Pflanzungen hängt größtentheils hiervon ab. Das Mißrathen oder Ausgehen einer Menge gepflanzter Bäume und Sträuche ist allemahl Fehlern zuzuschreiben, welche entweder

a) Bey **Auswahl des Bodens** zu der oder jener Holzart;

b) Bey **Erziehung der Pflanzen**, wohl gar durch gänzliche Verabsäumung derselben und durch bloße Ausrottung wilder Stämme im Walde; auch wohl

c) Beim **Geschäfte der Pflanzung** selbst; und endlich

d) Nach der Zeit, durch Verabsäumung der nöthigen Wartung — aus Sorglosigkeit begangen worden sind.

§. 6.

Die Beurtheilung des Grundes und Bodens ist bei der Baumzucht höchst wichtig.

Es bleibt eine ewige Wahrheit, daß jeder Erdboden zum Holztragen geschickt sey. Es ist aber auch ohnstreitig, daß nicht jeder Boden geschickt seyn könne, jede Holzart, oder alle ohne Ausnahme gehörig zu nähren und zur Vollkommenheit zu bringen; eben deswegen also bei Auswahl der anzubauenden Holzarten für jeden Boden und so umgekehrt, mit Kenntniß und Vorsicht zu Werke gegangen werden müsse, wenn der Erfolg den Wünschen entsprechen soll.

Geprüfte Anleitungen über diesen äußerst wichtigen Gegenstand, sowohl für Saat als Pflanzungen, können also nicht überflüssig seyn.

§. 7.

Die Erziehung der zu verpflanzenden Stämme ist wichtig.

Eben so wichtig ist die Erziehung derjenigen jungen Stämme, welche nicht auf ihrem Saamenstandorte bleiben, sondern in der Folge, bey einiger Größe glücklich verpflanzet werden sollen. Es ist demnach nicht hinlänglich, in den Wäldern junge Bäume auszureißen und an den

Ort zu pflanzen, der eine Plantage abgeben soll. Die nachtheiligen Folgen hiervon, welche alle diejenigen erlebet haben müssen, die auf solche Art pflanzten; hingegen aber das gute Gedeihen der Baumschulenstämme beweisen sehr augenscheinlich, daß die Erziehung der Pflänzlinge nicht vernachlässiget werden dürfe.

Die Gründe, welche solche nothwendig machen, liegen im Zustande und in der Struktur der Wurzeln; in deren erforderlichen Menge zur hinlänglichen Aneignung der Nahrung, und zum Betrieb der den Wurzeln zukommenden Geschäfte bey der Vegetation der Gewächse.

Je früher also in der Jugend ein Bäumchen versetzet wird, desto weniger schadet die Verletzung der Wurzeln, weil solche sofort wieder verheilen; solches aber nicht thun können, wenn sie schon alt, stark und mit dicker Rinde umgeben sind. Der bei jeder Aushebung gewisse Verlust der jungen Wurzelspitze, wird durchs Austreiben einer unzähligen Menge Seiten- und Thauwurzeln mehr als reichlich ersetzt; der Wachsthum der Pflanzen wird folglich durch die Versetzung in der Jugend mehr befördert als zurückgehalten; wovon alle regelmäßig behandelten Baumschulenstämme zum Beispiel dienen können.

Eben deswegen ist aber auch eine mehrmalige Versetzung solchen Bäumen nothwendig, welche, erst bey einiger Größe, an den Ort ihrer Bestimmung kommen; deren Wurzeln aber alt und steif werden würden, und nicht verheilen könnten, wenn sie so lange auf einer Stelle stehen sollten.

Es haben also nur Unwissenheit, Vorurtheil und Trägheit an dem Mißrathen der Pflanzungen, und an dem elenden Zustande der gepflanzten Bäume Schuld.

§. 8.

Die Geschäfte bei der eigentlichen Auspflanzung haben vielen Antheil am Gedeihen der Plantagen.

Viele glauben, in Absicht der Auspflanzung selbst, genug zu thun, wenn sie Löcher machen, die zu pflanzenden Stämme mit oder ohne gehörige Wurzeln und stark verstutzt — dahinein stellen; die Löcher voll Erde werfen, einen dicken Pfahl zwischen die Wurzeln stoßen, alles mit den Füßen fest treten, und endlich den Baum vermittelst einer Bindweide an dem Pfahle aufhängen. Diese bedenken aber nicht, daß bei solcher widernatürlichen Behandlung die Pflanze außer Stand gesetzt werde, ihr Wachsthum gehörig fortzusetzen, und die erforderliche Nahrung sich aus der Erde und Luft anzueignen.

Ich werde mich nicht mit Untersuchung der Fehler hier aufhalten, noch viel weniger verdrüßliche Beispiele anführen; — vielmehr aber will ich mich bemühen, an den gehörigen Orten die Vorsichten zu zeigen, welche bei den verschiedenen, eigentlichen Versetzungen und Pflanzungen angewendet werden müssen, wenn dieselben glücklichen Fortgang haben sollen.

§. 9.

Die Wartung der Plantagen darf nicht verabsäumet werden.

Es ist auch nicht genug, eine Pflanzung regelmäßig anzulegen und zu vollenden, nachher aber ihrem Schicksale zu überlassen; solche der Dürre, dem Unkraute und den mannichfaltigen Beschädigungen Preis zu geben.

Dergleichen Nachlässigkeit ziehet fast immer den Verlust der mehresten gepflanzten Bäume nach sich, so leicht und wohlfeil es auch gewesen seyn würde, nach vernünftiger Beherzigung und Kenntniß der vorkommenden Zufälle, viel tausend Bäume vom Untergange zu retten. Alles dieses muß wohl in Acht genommen werden, wenn man mit gutem Erfolge pflanzen will. Es ist außerdem besser, — nichts zu thun, als eine Menge junger Bäume (welche an dem Orte, wo sie erst standen, wohl erwachsen seyn würden) mit vielen Kosten zu vernichten.

§. 10.

Die Anlage und Unterhaltung englischer Gärten setzt Baumschulanstalten voraus.

Das engländische Gartenwesen setzt nothwendig, entweder im Eigenthume oder bei Handelsgärtnern, Baumschulanstalten voraus.

Ob es angenehmer sey, sich nach und nach selbst als den Urheber vieler tausend dauerhafter Zöglinge betrachten zu können, und ob es nicht nützlicher sey, seine Pflanzen in dem nehmlichen

Klima, Boden und in gleicher Lage aus dem Samen und aus Stecklingen selbst zu erziehen, und sodann solche zu vermehren, als die eingebildeten Bedürfnisse immer auswärts zu theuern Preisen, von schlechter Beschaffenheit, ohne Auswahl, ohne Rücksicht, ob sich diese oder jene Art auch für uns schicke, von öfters gewinnsüchtigen Handelsleuten unter falschen Nahmen zu kaufen, und die Gärten auf eine kurze Zeit mit solchem Unkraute zu besudeln; — will ich nicht entscheiden, sondern nur allen Gartenbesitzern bloß zu Gemüthe führen!

Weitläufige Verzeichnisse von Gewächsen, welche weder er noch sein Verkäufer kennt, barbarische Nahmen, Unsinn in der Stellung gegen einander, der Wasserbäume auf dürre Sandhügel, der Bergbäume aber in die Niederung, afrikanische, südamerikanische und südeuropäische Bäume und Sträuche ins nördliche Klima auf das freye Land gepflanzt; Verwunderung, daß das alles nicht glücklich gehen will: — sind mir nur allzu oft vorkommende Dinge, — über welche ich mich nicht wundere, weil es mir auffallend begreiflich ist, daß die so wohlthätige als hartnäckige Natur sich nicht bequemen wird, Gesetzen zu gehorchen, die sie nicht selbst gegeben hat.

§. 11.

Nothwendigkeit, obige Gegenstände recht gründlich zu verstehen.

Alle vorher erwähnten Absichten werden so selten erreichet, weil so manche Fehler aus Unwissenheit begangen werden. In der That hat auch den Mehresten ein gründlicher praktischer Unterricht gefehlet, durch welchen sie zur richtigen Erkenntniß der Gegenstände des Plantagenwesens nach einer gewissen Ordnung hätten gelangen können.

Eben daher gehet aber das Publikum noch vieler Vortheile verlustig, und selbst — begüterte Liebhaber werden nach und nach abgeschrecket, zum Besten des Ganzen — weiter etwas einzeln zu thun.

Ich erkenne und fühle aus eigener Erfahrung und mannichfaltigen glücklichen Versuchen, welche der Welt bei mir vor Augen liegen, die Wichtigkeit und die Vortheile der Baumzucht zu sehr, als daß ich mich nicht bestreben sollte, zu deren Aufnahme und Ausbreitung nach allen Kräften mitzuwirken. Ich muß es anheim stellen, wie weit man dieser Anleitung und Aufmunterung zum Baumpflanzen geneigtes Gehör geben wolle. Bei mir wenigstens gehen unter tausend verpflanzten Bäumen nicht zehn Stück verlohren.

Erster Abschnitt.

Grundsätze des Plantagenwesens überhaupt.

§. 12.

Die Erzeugung und Vermehrung der Bäume und Sträuche geschiehet sowohl auf natürliche als künstliche Art.

Um das Plantagenwesen in vorangezeigten Absichten ausüben zu können, muß man mit der erforderlichen Menge solcher Stämme versehen seyn, die nach den verschiedenen Bestimmungen angewendet werden sollen, und gewiß Fortgang versprechen.

Man gelanget dazu, entweder durch eigene Baumzucht, oder durch Ankauf aus andern Anstalten. Wie vortheilhaft und angenehm das Erste, wie nachtheilig, mißlich und unwirthschaftlich aber das Letztere und das Ausreissen großer junger Bäume sey, ist bereits erörtert worden.

Ich bleibe daher bei der **kunstmäßigen** Selbsterziehung der Bäume stehen.

Um eine Menge Bäume erziehen zu können, muß man dergleichen erzeugen und vermehren.

Die Erzeugung der Bäume und Sträuche überhaupt geschieht

a) sowohl auf natürliche, als

b) auf künstliche Weise.

§. 13.

Erklärung der natürlichen Erzeugungsart.

Die natürliche Erzeugung und Vermehrung einer Holzart (Species) geschiehet bloß durch den Saamen.

1) Von der Natur selbst, indem die reif gewordenen Saamen abfallen, Erde fassen, aufgehen, folglich Pflanzen erzeugen, welche die Stammart fortsetzen, unterhalten und also die davon schon vorhandenen Exemplare vermehren.

2) Durch Menschenhände oder andere zufällige Verstreuungen der aufgesammelten reifen Samen.

Alles dieses kann einerley Erfolg haben, wenn Boden, Güte des Saamens, Jahreszeit und Zufälle die Baumzucht begünstigen.

Durch den Saamen wird allemal eine neue Generation jeder Art angefangen, welche sich dadurch bis ins Unendliche fortsetzet, und gewöhnlich natürlich erhält.

Es erscheinen nur zuweilen Abänderungen als Naturspiele; diese dauern aber nicht länger als die Generation, fallen nachher aber gewöhnlich wieder aus den Saamen in die Urart zurück: und müssen also, durch Fortsetzung ihres eigenen

Wachsthumes, auf andern Standpunkten nach allerhand künstlichen Methoden unterhalten und beliebig vermehret werden.

§. 14.
Erklärung der künstlichen Vermehrungsmittel überhaupt.

Unter die **künstlichen Vermehrungsmittel** hat man alle diejenigen Methoden zu rechnen, deren die Natur sich nicht selbst gewöhnlich bedienet, welche indessen doch von ihr begünstiget werden, wenn die Operationen, nach Gründen, mit Erfahrung und Geschicklichkeit, nicht aber ohne solche und wider die Natur gemacht werden.

Die künstlichen Vermehrungsmittel, welche nach Umständen bey einer oder der andern Holzart mehr oder weniger Fortgang und Erfolg versprechen, bestehen überhaupt

a) im **Einstecken** abgeschnittener Zweige oder Wurzeln;

b) im **Ablegen** der Zweige, und in Wartung der **Wurzelbrut** mancherley Arten.

Die andern, bei der spekulativen Physik der Bäume vorkommenden, allerdings auch möglichen und erprobten Vermehrungs- und Fortpflanzungsarten gehören nicht hierher.

§. 15.
Vom Einstecken überhaupt.

Das **Einstecken** geschiehet entweder 1) **in die Erde**, oder 2) **auf einen andern Stamm**.

Ohnerachtet der dabei vorgehenden Gewaltthätigkeiten, so zeiget es doch bei sehr vielen Holzarten recht guten Erfolg, wenn es gehörig und kunstmäßig geschiehet.

Der von seinem Mutterstamm plötzlich getrennte Theil wird genöthiget, sich sogleich selbst zu nähren, zu erhalten, und diejenigen Stücke auszubilden, welche schon am Mutterstamme in ihm entworfen waren. Eben deswegen setzt aber auch ein solches Reis oder eine solche Wurzel, gerade den Wachsthum und die Art der Mutter fort, ohne daß eine Ausartung möglich wäre.

§. 16.

Vom Einstecken in die Erde.

Wenn man abgeschnittene Zweige oder Stücke von Wurzeln im Frühling in die Erde stecket, so hat man die Bewurzelung des Untertheiles und den Austrieb des Obertheiles, mithin die Verwandelung des Stecklinges in einen neuen Baum zum Endzweck.

Um solchen zu erreichen, muß man die Holzarten kennen, welche sich solchergestalt mit Erfolg behandeln lassen.

Es kommt alsdann darauf an, die Hindernisse der Bewurzelung und des Austreibens aus dem Wege zu räumen. Schatten, Wärme, verhältnißmäßige Ausdünstung und hinreichende aufgelösete Nahrungsmittel, — bereit zum Eingang in die Rinde des unbewurzelten Stöckchens — befördern den guten Erfolg, und die unbeschreibliche Vermehrung auf eine leichte u. sehr wohlfeile Art.

§. 17.

Vom Einstecken auf einen ähnlich. Stamm.

Das Einstecken eines Zweigstückes **auf einen andern Stamm** kann mit gleich gutem Erfolg auf vielerley Art Statt finden. Es kommt überhaupt darauf an, daß die Rinde von beiden zusammen zu bringenden Stücken dergestalt innigst vereiniget werde, und beiderlei Safthaut so genau an einander schließe, — daß die Saftgefäße sich berühren; folglich der Durchgang der Säfte aus dem Stamme in das edle aufgesetzte Stück von Statten gehen könne.

Man benennet die verschiedenen Operationen **Pfropfen, Kopuliren, Okuliren** ꝛc. wovon die Handgriffe gehörig erlernet werden müssen. Bei diesen Vermehrungsmethoden vertritt ein bewurzelter Stamm von einer ähnlichen Art die Stelle der Erde, nährt und unterhält das aufgebrachte Stück, ohne daß letzteres einer eigenen Wurzel benöthigt seyn sollte. Es verwächst mit dem Stamm, und setzt auf solchem den Wachsthum seiner Mutterpflanze fort; behält folglich alle natürlichen Eigenschaften mit dieser gemein. Die aus dem Stamm in das angebrachte Stück eingehende Nahrung ist nur als ein roher Erdsaft zu betrachten, der nach den Erfordernissen und der Organisation des Reises oder des Auges — digeriret, in die Substanz desselben verwandelt — oder verbraucht wird. Um dieses zu bewerkstelligen, muß der Stamm bis auf das aufgesetzte Stück keine wilden Triebe machen, sondern alle Nahrung nach dem letztern geleitet werden. Das

Pfropfen

Pfropfen und Kopuliren geschiehet im Frühling, das Okuliren aber im Sommer, wenn die Rinde sich vom Splinte löset.

§. 18.

Die Varietäten, Abänderungen oder Naturspiele werden nur durch künstliche Mittel unterhalten und vermehrt.

Dergleichen künstliche Mittel werden aus Liebhaberei zur Unterhaltung und Fortsetzung der uranfänglich aus Saamen entstandenen Abarten (Varietäten), und folglich zur Vermehrung der davon vorhandenen Exemplare angewendet. Dergleichen Naturspiele würden wieder verlohren gehen, wenn der Saame davon gesäet würde, aus welchem die jungen Pflanzen nach natürlichen Gesetzen immer wieder in die Haupt- oder Urart zurückschlagen.

Außer dieser weisen Ordnung würde die Schöpfung neuer organischer Körper beständig fortdauern, wie doch nicht geschieht; denn nach ihr — erhalten sich die wahren, bestimmten Arten eines Geschlechts — bis ins Unendliche: und es findet natürlich keine Veränderung mit Beständigkeit statt.

Das **Pfropfen, Kopuliren** und **Okuliren** schickt sich indessen nicht bey allen Holzarten; eben deswegen soll bei der besondern Anleitung zur Fortpflanzung jeder Art und Abart gehörig bemerkt werden, welche Sorten unter einander mit Erfolg vereiniget werden können.

§. 19.

Erklärung des Ablegens oder Absenkens überhaupt.

Das Ablegen oder Absenken geschieht mit Zweigen oder Stammloden, welche, ohne sofort von dem Mutterstamme getrennt zu werden: entweder —

a) zur Bewurzelung in die Erde eingelegt, oder

b) an den Stamm eines ähnlichen und mit jenem verwandten Baumes — zum Verwachsen mit ihm gebracht: — auf beiderlei Weise aber zu neuen Bäumen derselben Art gebildet werden.

Das Ablegen ist weniger gewaltsam als das Stecken plötzlich abgesonderter Stücke. Das erstere ist also auch allgemeiner anwendbar und sicherer. Beim Ablegen wird das Reis mit Beibehaltung einiger Nahrung aus dem Mutterstamme erst allmählig gewöhnet, sich selbst Nahrung zu verschaffen, und solche im ersten Falle aus der Erde, im andern aber aus dem ähnlichen Stamme, mit welchem es vereiniget worden ist, zu ziehen. Das erstere wird eigentlich **ablegen**, das andere aber **absaugen** oder **ablaktiren** genannt.

Die **Wurzelbrut** ist für nichts anders als für Ableger anzusehen. Einige Holzarten sind sehr geneigt, sich dergestalt vermehren zu lassen; andere hingegen entsprechen niemals der Absicht auf diese Art.

§. 20.

Vom Ablegen in die Erde.

Die Ableger in die Erde werden im **Frühling** von solchen Zweigen, oder Stamm- und Wurzelloden gemacht, welche entweder an die Seite geleget, befestiget und zum Theil (unterwärts) mit Erde umgeben, oder mit solcher behäufet werden können.

Die mit Erde umgebene Rinde solcher Baumtheile setzt, wenn sie nicht zu alt und steif ist, Knoten an, aus denen Wurzelfasern hervorbrechen, die sich immer mehr verstärken und vervielfältigen; so, daß diese geschickt sind, den eingelegten Zweig zu einem Baum zu bilden, und denselben — in der Folge, wenn er von der Mutterpflanze getrennt ist, — gehörig zu befestigen und zu nähren.

Während der Bewurzelung geht schon aus den Augen und Knospen, welche über der Erde geblieben sind, durch Hülfe der Mutter der Wachsthum in die Höhe von statten.

Sobald die hinreichende Bewurzelung der abgelegten Baumtheile erfolgt ist, sind diese — in Bäume verwandelte Ableger — geschickt, den Wachsthum ihrer Mutter, von ihr getrennt, auf einem andern Standpunkte für sich fortzusetzen. Sie werden daher entwöhnt (mit ihren Wurzeln abgelöset) und außer dem Saft in der Jahrszeit versetzt, die jeder Art nach ihrer Beschaffenheit und dem ihr angemessenen Boden eigen seyn soll.

Die Bewurzelung der Ableger erfolgt bei manchen Holzarten viel früher als bey andern.

Es giebt auch unter den Nadelhölzern verschiedene, bei welchen diese Vermehrungsart sehr schwer hält.

Man erfährt, ob die Bewurzelung gehörig geschehen sey, wenn die Erde von dem Ableger behutsam hinweggenommen wird. Die mehresten auf diese Weise zu vermehrenden Arten sind bereits innerhalb zwei Jahren, oft noch früher, hinreichend mit Wurzeln versehen; und die Handgriffe sind mit denen beim Absenken der Nelken gleich.

Seltene Sorten, von welchen man keine Stämme mit schicklichen niedrigen Zweigen besetzt, und die man doch durch Ableger vermehren möchte, ohne den Baum vorher abzuhauen, und Stammloden zum Ablegen zu erziehen, werden auf folgende etwas mühsamere Weise fortgesetzt. Man läßt sich Blumentöpfe mit Spalte und 2 Henkeln verfertigen, schlägt neben dem Baum einen festen Pfahl ein, bindet den Spalttopf daran fest, ziehet ein Reis durch die Spalte ein, daß solches oben herausrage, bindet es an, füllt den Topf fest mit guter feuchter Erde, bedeckt solche mit nassem Moose, um sie frisch zu erhalten, und vor dem Austrocknen zu verwahren; begießet sie öfters, aber nicht zu stark.

Wenn die Bewurzelung erfolgt ist, wird der Zweig unterhalb dem Topfe vom Stamme abgeschnitten; und die neue Pflanze wird außer der Saftzeit behutsam herausgenommen und versetzt.

Auf diese Art kann man mit einem Male sehr viel Vermehrung von einem einzigen Baume bekommen, ohne ihm zu schaden. Man muß nur für gehörige Befestigung der Anstalt und fortwährende Aufsicht sorgen, damit durch den Wind und die Dürre nichts verdorben werden könne.

§. 21.

Vom Ablegen an einen ähnlichen Stamm.

Zum **Absaugen** oder **Ablaktiren** ist ein Stamm einer ähnlichen Holzart in der Nähe des zu vermehrenden Baumes nothwendig.

Um diese sehr gelinde und bey allen Holzarten mögliche Vermehrung machen zu können, werden ein Jahr vor der Operation verschiedene junge wilde Stämme neben dem zu vermehrenden Baum von ähnlicher Art dergestalt gepflanzt, daß die Zweige von diesem bequem an jene reichen.

Nachdem die jungen Stämme auf ihrem neuen Platze gehörig angewachsen sind, wird an jedem ein Zweig des zu vermehrenden Baumes gebracht; beide Theile werden etwas angeschnitten, und man verbindet Safthaut an Safthaut so genau, daß das angebrachte, an der Mutter noch befestigte Reis zugleich von dem wilden Stamme Nahrung ziehen könne.

Sobald beide mit einander fest verwachsen sind, kann das Reis von dem alten Mutterstamme getrennt, und dem jungen Baume völlig überlassen werden.

Die Wunde (vom glatten Abschnitte) wird mit Baumwachs bedeckt, und verheilet im Sommer sehr bald; und so ist der Zweig eines Baumes, auf dem Wurzelstocke eines andern, zum Baum eben derjenigen Art gebildet, von welcher das Reis genommen worden ist.

Dem untern Stamme werden nach und nach alle wilde Triebe genommen, wodurch der Wachsthum in das angebrachte Stück geleitet wird.

Das Absaugen kann zu aller Zeit der Vegetation vorgenommen werden; besser zu früh als zu spät im Jahre. Die Handgriffe dabei soll eigentlich jeder Gärtner gelernt haben, und lassen sich solche besser zeigen als beschreiben.

§. 22.

Obige Vermehrungsmittel anwenden zu können, sind zuvörderst Sorten erforderlich. Das Pflanzen ist keine Vermehrung.

Um die vorstehenden Vermehrungsmittel anwenden zu können, muß man mit Pflanzen, welche veredelt, und mit Theilen von solchen Sorten, die vermehret werden sollen, versehen seyn, damit durch Zerstückung und Anbringen derselben ihr Wachsthum auf andern Standpunkten, entweder in der Erde, oder auf ähnlichen Stämmen — fortgesetzt werden könne.

Das natürliche Mittel, Bäume zu vermehren, ist aber die Aussaat. — Diese geht also allen künstlichen Methoden voraus, und bringt uns in den uranfänglichen Besitz der Arten und Abarten.

Das mögliche und hierauf folgende Verpflanzen bewurzelter Stämme darf man nicht irriger Weise unter die Vermehrungsmittel rechnen. Es ist nur eine künstliche Vertheilung des vorhandenen, dicht stehenden jungen Vorrathes in gehörige und den verschiedenen Absichten angemessene Entfernung.

Die Erfahrung lehret, das die Natur das Verpflanzen begünstige, wenn solches mit hinlänglicher Kenntniß und Vorsicht geschiehet. Es erfordert dergleichen schlechterdings, da man eine Gewaltthätigkeit an den jungen Stämmen begeht, welche die Natur nie selbst ausübet.

Eben deswegen sind solche, dermaleinst zu verpflanzende Stämme einer vernünftigen **Vorbereitung** und zweckmäßigen Erziehung, von ihrer früheſten Jugend an — bedürftig.

Alles Obige macht demnach die wichtigen **Grundsätze der allgemeinen Planteurkunst** aus, welche **auf Vernunftschlüsse** gebauet, mit einer reinen **Naturlehre** übereinstimmen, und auf ächte **Erfahrung** gestützet, — sodann aber mit **Thätigkeit** und **Vorsicht** ausgeübet werden muß, **wenn Holzsaat, künstliche Vermehrung, Versetzung** und **Auspflanzung den erwünschten Erfolg haben sollen.**

Zweiter Abschnitt.

Grundsätze der Holzsaat überhaupt.

---

§. 23.

Endzwecke der Holzsaat überhaupt, und beim Plantagenwesen insbesondere.

Da die Saat bey allem Holzanbau das erste und wesentlichste Geschäft ausmacht, so hat man sich zuvörderst die richtigen Grundsätze derselben bekannt zu machen.

Bei diesem **natürlichen Vermehrungsmittel** der Gewächse hat man in Absicht der Baumzucht überhaupt **zweyerley Endzwecke**: entweder —

1) Die aus dem Saamen entsprießenden **Pflanzen auf ihren Samenstandörtern stehen zu lassen**, und der Natur gemäß ihr Gedeihen dem Schicksale anheim zu stellen; oder

2) durch geschickte **Vertheilung** (Verpflanzung) der aus dem Saamen erzielten jungen Stämme eine weit größere Strecke, als der Saatplatz ist, verhältnißmäßig zu besetzen, und dadurch bei guter Wartung — in Anbau zu bringen.

Der erste Endzweck wird bekanntlich sowohl von der Natur, als — bei größern Forstanstalten — durch uns selbst erreichet.

Gegenwärtig haben wir bloß mit dem Zweiten in Absicht des Plantagenwesens zu thun, in welcher junge Bäume und Sträuche von mancherley Art und zu vielerlei Gebrauch — im Kleinen, doch in Menge — zur weitern Versetzung und Auspflanzung erzeugt werden sollen.

Es kommt also hierbey auf die sichersten, geschwindesten und wohlfeilsten Mittel an, viel **Saatpflanzen** zu erzeugen.

§. 24.

Eigenschaften eines guten, tüchtigen Saamens.

Der gute Erfolg der Aussaat beruhet vornehmlich auf die **Güte der Saamen.**

Die Eigenschaften eines tüchtigen, zum Aufgehen geschickten Saamens bestehen —

1) In der vollkommenen Ausbildung desselben auf seiner Mutterpflanze; folglich auf vorhergegangene richtige Befruchtung der Blüthe, durch welche der Keim entworfen und gebildet wird.

Jeder vollständige, wohl ausgebildete Saame muß aus drei wesentlichen Stücken bestehen:

a) aus der äußern und innern Schaale;
b) aus dem Kerne; und
c) aus dem Keime, dem Entwurf der zukünftigen Pflanze.

2) In der gehörigen völligen Reife; denn ein Saame kann aus allen vorhergehenden Stücken bestehen, ohne deswegen zum Aufgehen tüchtig zu seyn.

Die Merkmale der Reife sind:

a) die Vollständigkeit der Frucht oder Kapsel, oder des Zapfens;
b) das im Saamen entweder vorhandene Mehl oder Oel, die Dichtigkeit des Kernes, und bei manchen Holzarten
c) der natürliche, gewöhnliche Abfall.

3) In der gehörigen Sammlung und Aufbewahrung bis zur Aussaat.

Der Saame kann alle vorhergehenden Eigenschaften und Merkmale gehabt haben, dennoch aber beim Sammeln und Aufbewahren gleich verwahrloset und untüchtig gemacht werden.

Dieses geschieht durch gewaltsame Behandlung, Schlagen und Quetschen beim Einsammeln, und durch Uebereinanderschütten der frischen, feuchten Saamen, wodurch sie sich erhitzen, in starke Gährung gerathen, und dabey innerlich dergestalt zerstöret werden, daß man vergebens auf ihr Aufgehen warten würde.

Jeder frisch gesammelte Saame muß sogleich sehr weitläufig aus einander gebracht, öfters umgewendet, und dergestalt — bloß in der Luft abgetrocknet, zur Nachreife gebracht werden.

Es kommt sodann darauf an, ob er gleich ausgesäet, oder noch aufbewahret werden soll.

Im letztern Falle erfordert jede Art Saamen ihre besondere Behandlung. Die eine will in der Luft, die andere im Wasser, die dritte in der Erde, eine andere im trockenen Sande oder in Spreu, oder gar in der Frucht selbst aufbewahret werden. Manche wollen wieder auf verschiedene Arten hinter einander behandelt seyn.

Bey allen aber — ist die **Absicht**, durch verschiedene angemessene Mittel — das **Auszehren** der flüchtigen, flüssigen Bestandtheile, die **Gährung** und die Fäulniß, so wie das voreilige, **unzeitige Aufkeimen zu hindern.**

Manchem, der diesen äußerst wichtigen Gegenständen nicht nachgedacht hat, wird es aus Obigem nunmehr wohl einleuchten, warum so manche Aussaat mißlungen sey, und den erwünschten Erfolg nicht gehabt habe. Es ist hieraus ferner zu folgern, daß — da dergleichen Unglück mit den gemeinsten Holzarten so oft geschiehet, — noch viel eher die Aussaat fremder Sämereyen mißrathen könne, welche gewöhnlich schlecht gesammelt, und bey einem weiten Transport noch schlechter behandelt worden sind.

Man wird also mit meinem Unternehmen zufrieden seyn können, da ich für Hinwegräumung aller jener Hindernisse der Holzkultur, mit vieler, den besten Erfolg versprechenden Vorsicht, bei meinen Kisten sowohl, als übrigen Saamenlieferungen sorge.

4) Außer diesem kommt es auf die **Aufbewahrungszeit** gar sehr an.

Alles Obige ist noch nicht hinlänglich; denn die wenigsten Holzsaamen behalten Jahre hinter einander ihre Keimungskraft.

Je wässerig-ölichter die Substanz der Kernstücke der Saamen ist, desto weniger dauert diese Keimungskraft. Die mehresten übergelegenen Saamen taugen also nichts, und der Verkauf derselben ist Betrug.

Nur einige Arten machen hierin bei gehöriger Behandlung — Ausnahmen; man muß also die Sorten kennen, welches aber von gemeinen Handelsleuten nur höchst selten erwartet werden darf.

§. 25.
Ueber die Bestellungszeit der Samenschule.

Um von solchen, nach obigen Vorsichten angeschaften tüchtigen Saamen zweckmäßigen Gebrauch zu machen, und guten Erfolg hoffen zu dürfen, muß auch die schickliche Zeit zur **Aussaat** gewählet werden. Ohne Kenntniß derselben ist das Mißrathen die ohnfehlbare Folge der Aussaat.

Nach dem gewöhnlichen Gange der Natur bestimmt sich die rechte Zeit der Aussaat einer jeden Art, — durch die Reife und den Abfall ihrer Früchte und Saamen.

In den mehresten Fällen führt diese aus der reinsten Quelle geschöpfte Regel am sichersten. Fleiß, Versuche und daraus erworbene Erfahrung haben indessen gelehret, daß die Natur noch andere bequeme Wege übrig gelassen habe, unsere Absichten zu erreichen.

Wir würden ohne solche Auswege uns mancher höchst schätzbaren Gewächse aus fernen Gegenden nicht erfreuen, die wir aus später ausgesäeten Saamen erzeuget und neutralisiret haben.

Die Erfahrung lehrte, daß alle im Herbst abfallende Saamen den Winter über entweder in der Erde oder im Laube begraben liegen, und sich höchstens nur die ihnen zur Erhaltung erforderliche Feuchtigkeit bewahren; ihre Produktion aber erst im folgenden Frühlinge bei manchen Arten wohl gar erst im zweiten und dritten zum Vorschein komme. Daß ferner in unserm Klima die Vegetation vom Frühlinge bis in den Herbst vor sich gehe, und gegen den Winter größtentheils aufhöre; bis dahin aber auch alles ausgebildet und entworfen seyn müsse, woraus im kommenden Jahre der Wachsthum weiter von statten gehen soll. Anderer Gestalt erfrieren die jungen Pflanzen; wenigstens doch die Spitzen ihrer Triebe, und es geht dadurch entweder die ganze Pflanze, oder doch die Erzeugniß des vorigen Jahres, — mithin die Gesundheit, im nächsten Winter verlohren.

Wenn wir, mit Hülfe dieser Erfahrungen, alles vernünftig erwägen, so finden wir die Ursachen, daß manche Arten, ohngeachtet sie fast jährlich tüchtigen Saamen bringen, dennoch selten recht gut fortkommen und sich vermehren wollen; daß es darin liege, wenn sie zu früh keimen, dergleichen zarte Pflänzchen aber mit ihren Cotyledonen oder saftigen Saamenblättern, durch die bei uns gewöhnlichen späten Fröste — gänzlich verheeret werden. Wir sehen hingegen aber auch sehr oft, — daß manche, zu spät erscheinende Saamenpflänzchen nicht genug erstarken um die früh einbrechende Kälte unserer Winter ungekränkt ertragen zu können.

Es ist daher bei der mannichfaltigen Baumzucht, — dem Gegenstande des Plantagenwesens höchst nothwendig, aus jenen Erfahrungen sichere Regeln abzuleiten, wodurch wir im Kleinen, bei Anzucht vieler Arten, Zufälle vermeiden, — denen, beim größern Forsthaushalte, nicht füglich vorgebeuget werden kann.

Bei der Aussaat von hundert Sorten zugleich kommt es also auf ein rechtes Verhältniß zwischen allen einheimischen und fremden Holzarten an; wornach die natürlich zu früh keimenden zurückgehalten, die zu spät aufgehenden Saamen aber dazu befördert werden müssen!

Sobald die sämmtlichen Samen, der Natur gemäß, gehörig, tüchtig und künstlich aufbewahret worden sind: so wird alles dieses bei der Frühlingsaussaat am sichersten erreichet.

Man sorge demnach, die Winterfeuchtigkeit zu nutzen; jedoch auch die späten Fröste vorüberzulassen, bevor der Saame aufgehen könne, und mithin wird also die allgemeine **glücklichste Saatzeit im April** einfallen, in welcher zugleich **auch die Stecklinge** gelegt werden können.

Alle diejenigen Pflanzen, welche im ersten Jahre aufzugehen pflegen, werden von dieser Zeit an erstarken können, bevor sie der Winter überraschen und vernichten dürfte.

Sie werden aber solchergestalt nicht zu früh aufgehen; folglich von den späten Frösten nicht in ihrem zartesten Zustande Schaden leiden. Eine noch viel spätere Aussaat hingegen vereitelt die Hoffnung; denn die zu weit im Sommer aufgehenden Pflanzen können sich nicht zeitig genug vollkommen ausbilden; werden folglich noch im Wachsthume von der Kälte übereilt, und erfrieren gewiß, so wie die mehresten Saamen und alle Stecklinge in den Kisten verderben würden, wenn man die Saat bis in den Herbst oder gar aufs kommende Frühjahr verschieben wollte.

§. 26.

Erwartungen aus der Baumzucht.

Durch den Saamen mannichfaltiger **einheimischer** und solcher **fremder** Holzarten, welche in unserm Klima gehörig gedeihen, werden wir in den **Besitz sehr vieler nützlicher Gewächse** gebracht, und die Sortenmenge wird durch meine Anstalt unter den Liebhabern verbreitet.

Alle bei uns vorkommenden **Holzarten** gehören, als **wahre Pflanzen** nach den Grundsätzen der Kräuterlehre, in die **siebente Familie** des

Gewächsreiches, und machen verschiedene Gattungen, Geschlechter, Arten und Abarten aus.

Nach meinem bekannten und mit Beifall aufgenommenen Eintheilungssystem *) sind es entweder

I. **Laubhölzer**, oder

II. **Nadel- Tangelhölzer.**

Sie sind sämmtlich — entweder

a) Sommergrün, oder auch

b) Wintergrün.

Unter solchen Umständen giebt es, nach verschiedener Beschaffenheit ihres Wuchses, bei uns

1) Bauholz;

2) a. Baumholz der ersten Größe;

b. ——— — zweiten —

c. ——— — dritten —

3) ganze Sträuche;

4) halbe Sträuche;

5) rankende Sträuche und Erdholz.

Durch den Betrieb der Baumzucht erlangen wir hieraus:

1) Baustämme.

2) Große Allee-, Wald-, Nutz-, Werk- und Brennholzbäume.

3) Fruchtbäume, Mast tragende Hölzer und Manufakturbedürfnisse.

4) Kopf- und Stamm-Schlaghölzer.

*) v. Burgsdorf Versuch einer vollständigen Geschichte vorzüglicher Holzarten ꝛc. ꝛc. Th. 1. Berlin, 1788. 4. Seite 113 ꝛc. Krünitz ökon. Encyklopädie Th. 24. Seite 463 ꝛc ꝛc. Physikalisch-ökonomische Bibliothek, des zweyten Bandes zweytes Stück, Seite 333 u. f. v. Burgdorf Forsthandbuch, Seite 102.

5) Hecken- oder Zaunsträuche.
6) Fruchtsträuche.
7) Blumensträuche, und
8) rankende auch Erdsträuche.

Eine Holzart schickt sich entweder nur zu einer, oder zu mehreren dieser Absichten; jene Eintheilung ist also natürlich, diese aber veränderlich — indem der Erfolg größtentheils von der Kultur und von den Absichten abhängt.

In der Folge wird hierüber ausführlicher gehandelt, und bei der Anleitung zum Anbau jeder Holzart angemerkt werden, wozu sie sich am besten schicke.

§. 27.

Von der Auswahl und Zubereitung der Saamenschule.

Bei der Aussaat verlangt fast jede Holzart andere Behandlung: in Ansehung des tiefen oder flachen, dichten oder einzelnen Unterbringens, Bedeckens und der Wartung der Saamen bis zum Aufgehen der jungen Pflanzen. Der Platz, auf welchem die Aussaat, in Absicht weiterer Versetzung der erzeugten Stämmchen, geschiehet, wird Saamenschule, Saatkamp (Pépinière) genannt.

Da die Pflänzchen darin nicht alt werden dürfen, und sich folglich nicht an Boden und Lage gewöhnen können, so kommt es hierbey auch nicht auf Verschiedenheit des Erdreiches an; welche in der Folge bei der Erziehung und bei den Bestimmungsörtern so vieler Arten, nach ihren beson-

besondern Eigenschaften erforderlich ist, und also demnächst gewählet werden muß.

Es ist in Ansehung der Saamenschule hinreichend, wenn dazu, wie in meiner schon besonders bekannt gemachten und Anfangs dieses Buches eingerückten Anzeige, bereits im Voraus angegeben worden ist — „ein durchaus frischer, „weder zu strenger, bindiger, noch zu leichter „sandiger, — fruchtbarer, doch ungedüngter „Boden gewählet wird, der das Aufgehen jeder Art Saamen begünstigen könne."

Daß solcher weder der Ueberschwemmung noch der Dürre ausgesetzt, sondern von beiden, alle Hoffnung vernichtenden Uebeln befreyet seyn müsse, verstehet sich von selbst. Es wird aber gar sehr zu statten kommen, wenn in der Nähe Wasser vorhanden seyn sollte.

Die Größe des Platzes richtet sich nach der Menge Saamen. In Absicht meiner Kisten, wird für eine jede — ein halber Magdeburger Morgen von 90 Rheinländischen Quadratruthen (10 zwölfschuhige Ruthen lang, 9 breit) erforderlich seyn.

Die Saamenschule muß schlechterdings eine ganz dichte und hinlängliche Befriedigung wider zahmes Vieh, großes Wildbret, Hasen und Frevler haben; denn ohne solche darf man gar nichts erwarten. Der eingeschlossene, wohlverwahrte Ort wird in Zeiten tüchtig und tief umgegraben, dabey auch, wie bey der Zubereitung eines Küchengartens, so viel möglich von allen Unkraut-Wurzeln befreyet, und eben gemacht. Man theilet den Platz sodann nach Fig. 1. in vier

Fuß oder Schuh breite Rabatten, zwischen welchen anderthalb Fuß breite Steige oder Gänge abgeschnüret werden und liegen bleiben.

Eben dergleichen Gänge werden auch ein paar Mahl in der Quere durch, und rund herum verfertiget; damit in der Folge die jungen Pflänzchen nicht vertreten werden, und jede Sorte genugsam ausgezeichnet — gesäet werden könne.

Da nun ein frisch umgegrabener Boden für die mehresten Holzpflänzchen zu locker seyn, austrocknen und alsdann der Saamen nicht aufgehen würde, (besonders wenn die Arbeit erst gegen den Frühling geschehen sollte, der Boden sich also nicht gehörig setzen kann) so muß die Erde in den Beeten oder Rabatten, vor der Besäung, entweder festgetreten, oder stark gewalzet werden.

Zur Bezeichnung der auszusäenden verschiedenen Saamenarten, werden kleine zugespitzte Nummerstöcke bei der Hand gehalten, welche mit den auf den Saamenpäckchen befindlichen Bezeichnungen — übereinstimmend mit Röthel beschrieben, und bei der Aussaat vor jede Sorte, wie solche sich beliebig folgen — eingesteckt werden müssen.

§. 28.

Saatanstalten.

Nachdem vorausangezeigter Maßen gegen den Frühling alles in Bereitschaft gesetzt, auch die etwa vor dem April angekommenen Saamen-Kisten geöffnet, und an einem temperirten Orte bis zur Saatzeit aufbewahret worden sind: so wird die Aussaat selbst gehörig vorgenommen, und es versteht sich von selbst, daß jede Sorte besonders zur Erde bestattet werden müsse.

Man zieht quer über die Rabatte, auf welcher angefangen wird, flache Riefen oder Reihen in der Entfernung von sechs Zoll mit einem Stocke, nach einem aufgelegten Richtscheite, um in solchen bezeichneten Reihen sodann die Saamen in der gehörigen Tiefe, wie jeder Art angemessen ist — entlang legen zu können.

Vor der ersten Reihe wird der vorhin erwähnte Nummerstock eingesteckt, und von der dahin gehörigen Sorte mit Besäung der Reihen fortgefahren, bis der in dem vorhabenden Päckchen befindliche Vorrath zu Ende gegangen ist. Sodann wird der zur folgenden Sorte gehörige Stock gesteckt und ferner gesäet, so lange Saamen und Platz vorhanden ist.

Diese vorbeschriebene, umständliche Ordnung hat ihre ganz wichtigen Gründe, und darf nicht als überflüssig angesehen werden; denn —

1) Wird dadurch Irrthum und Verwechselung der Sorten verhütet;
2) Sieht man das Aufgehen der Saamen deutlicher;
3) Kann bey anhaltender Dürre den Reihen sehr leicht mit Begießen zu Hülfe gekommen werden;
4) Hat jede Pflanze zu beyden Seiten gleichen Platz, sich in und über der Erde auszubreiten;
5) Erleichtert es die ohnumgänglich nöthige Reinigung: da man das Unkraut zwischen

den geraden, gleich weit entfernten Reihen auf mancherlei Art heraus bekommen kann. ohne Pflanzen mit zu fassen, welche sich denn auch

6) auf solche Weise — selbst dem ungeübten Auge besser **vom Unkraute auszeichnen**; endlich —

7) können die jungen Pflanzen viel leichter und sicherer ohne Beschädigung reihenweise — **zum Versetzen ausgehoben** werden, als wenn sie unter einander und klumpenweise ständen.

Das **Einzetteln der Saamen** in die Riefen **geschieht weder zu dichte noch zu weitläufig.** Das ist, — man trägt Sorge, daß nicht mehrere Kerne auf einen Fleck, sondern solche möglichst **neben einander** zu liegen kommen, und zwischen jedem Korne etwas Platz bleibe.

In der speciellen Anleitung zur Behandlung jeder Sorte kann sodann leicht nachgeschlagen werden, ob die eben gelegte etwa ganz bloß liegen und angegossen, oder mit trockenem Sande besiebet, oder wie tief sie mit den Fingern eingedrückt, und sodann die Erde darüber gerade gezogen werden müsse.

Zuvörderst werden die **Sorten** gesäet, von welchen die kleinsten Päckchen vorhanden, oder die jedem Liebhaber nach seinen Absichten am **schätzbarsten** sind. Die gemeinsten, und nach eines Jeden Umständen am wenigsten beliebten Arten bleiben hingegen bis zuletzt, damit es für die ersten nicht an Platz fehle, wenn die Aussaat etwa zu weitläufig geschehen seyn sollte.

Ich habe zwar alle mögliche Rücksicht auf den bestimmten Platz bei Vertheilung der Samen — im Ganzen genommen; da aber ein Jeder anders, entweder dichter oder leichter, säen dürfte, so kann nicht durchgehends der Platz für den Saamen, und letzter für erstern gerade hinreichend seyn. Man muß sich also auf oben angerathene Art zu helfen suchen.

§. 29.
Anweisung die Stecklinge zu legen.

Da diejenigen **Holzarten**, welche sich schwer und langsam aus Saamen, desto leichter aber nach §. 15. 16. durch das **Stecken** abgeschnittener **Zweige** und durch **Wurzeln** fortbringen und vermehren lassen, in solcher Gestalt meinen Kisten einverleibet werden: so bemerke ich deswegen noch, daß solche gleich nach Ankunft der Kisten ausgepacket, vom Moose befreyet, und ohne die Bezeichnung zu verwechseln, einige Tage bis zum Stecken in der freyen Luft in frisches **Wasser** gelegt werden müssen, aus welchem der obere Theil derselben zur Hälfte heraus ragen soll.

Sobald nun der Platz zur Saamenschule vorbeschriebener Maßen bereitet ist, so werden zuerst diese Stecklinge in den sechs Zoll aus einander entfernten Reihen eben so weit etwas schräg in die Erde eingelegt, daß an jedem Stücke wenigstens **zwey Augen** oder Knospen **aus der Erde** hervor stehen.

Das **Einlegen** oder **Stecken** geschiehet folgender Gestalt: man gräbt an der Rinne die Erde so tief ein, als die Stecklinge lang sind, erneuert die betrockneten Abschnitte, leget sodann solche an den Rand des Gräbchens etwas schräg an, bringt die lockere Erde daran, und fährt damit nach einer Richtung fort, so lange Stecklinge vorhanden sind, welche mit den Zeichenstöcken, so wie die Saamen, versehen werden. Man ziehet solche hierauf so weit heraus, daß zwey Augen außerhalb der Erde kommen, gießet Wasser auf die wieder eingefüllte Erde, und wenn solches eingezogen, wird alles der Länge nach mit dem Fuße fest getreten, ohne jedoch die Reiser zu berühren und zu beschädigen.

Es wird eine Vertiefung oder kleiner Graben neben den eingelegten Stecklingen verbleiben; er dient zum Aufhalten des Regenwassers und beim **Begießen** welches bei dürrem Wetter ja nicht unterlassen werden darf. Denn, da diese Stöcke noch keine Wurzeln haben, und erst die Werkzeuge ausbilden sollen, wodurch sie sich in der Folge Nahrung suchen können: so muß der Zufluß nährender Materie aus der Erde ihnen so viel als möglich, jedoch mit der Maßgabe und Einschränkung erleichtert werden, daß das Begießen nicht zu oft und nicht zu heftig geschehe, damit durch das stehende Wasser nicht **Fäulniß** und Verderben erfolge.

Die heftige **Wirkung der Sonnenstrahlen** muß im Anfange auch von dem aus der Erde ragenden Theile der Stecklinge abgehalten werden, weil letztere dadurch schleunig ausgezehret und vertrocknet werden würden, indem sie mehr ausdunsten, als ohne Wurzel einsaugen können.

Der also nöthige Schatten, kann ihnen gegen die Mittagssonne auf verschiedene beliebige Art, nach Umständen und Gelegenheit ertheilet werden.

§. 30.
Aufmunterung zu Beobachtungen.

Nachdem alles, was zur Bestellung der Saamenschule gehöret, im April geschehen ist, so stehet das Aufgehen der Saamen, und das Austreiben der Stecklinge nach und nach zu erwarten.

Diejenigen, welche an diesen Geschäften Geschmack finden, und die Baumzucht gehörig studiren: ihre Absicht also auf das Nützliche und Angenehme zugleich richten möchten, werden wohl thun, wenn sie ihre Saatschule öfters besuchen, und das Aufgehen nach und nach beobachten und anmerken.

Sie werden die aufgehenden jungen Saat-Pflanzen, welche sich von ältern Pflanzen derselben Art oft unkenntlich auszeichnen, spielend kennen, und nach richtigen Nahmen benennen lernen; mit dem Zunehmen, und bey allen Veränderungen derselben, ihre Kenntnisse also unvermerkt erweitern. Sie werden ferner — von Lust beseelt — mit vielem Vortheil weiter gehen, als bisher von den mehresten Gärtnern und Jägern handwerksmäßig geschehen ist; sich auch zum Unterricht und zur beständigen Erinnerung, ein nützliches Herbarium anlegen können. Sie werden dabey entnehmen, daß, die, unter der

Menge befindlichen einheimischen Holzarten nicht überflüssig sind, sondern deren genauere Kenntniß (welche größtentheils aus Mangel an bequemer Gelegenheit vernachläßiget worden ist,) vielmehr besonders wichtig seyn müsse, als wir aus denselben den mehresten Nutzen, — von den fremden Sorten hingegen, wenige ausgenommen, fast immer nur Befriedigung der Neugier zu erwarten haben.

§. 31.

Eine Saamenschule erfordert allerley Wartung.

Zum Gedeihen unserer erscheinenden Zöglinge ist schlechterdings nothwendig: daß

1) alles hervorkommende Gras und Unkraut von Zeit zu Zeit vertilget, die Saamenschule also ganz rein gehalten,
2) alles vom Saatplatze abgewendet werde, wodurch die in der Erde liegenden Saamen und die aufgegangenen Pflanzen vernichtet und beschädiget werden könnten;
3) Die schicklichen Mittel angewendet werden, wodurch nunmehr das Aufgehen der Saamen befördert, und die aufgegangenen Pflanzen in munteres Wachsthum gebracht; folglich, zu dereinst gesunden und zu allen Absichten tüchtigen Stämmen zu erziehen sind.

So wenig es der Holzkultur angemessen ist, den Wachsthum der jungen Bäume durch Mist oder ähnliche Düngungsmittel zu übertreiben, (wodurch sie ohnfehlbar bald schadhaft, **wurmfräßig, brandig** und faul werden, und nach der Versetzung absterben;) so wenig es dienlich ist, und so sehr es ähnliche widrige Wirkungen hervorbringt, wenn die zu versetzenden Bäume, in der Jugend, lange in sehr fettem Boden stehen, und alsdann in schlechtern gepflanzet werden: — eben so nachtheilig ist es hingegen auch, wenn die jungen Pflänzchen aus Mangel an Nahrung verbutten, gleichsam die Auszehrung mit auf die Welt bringen, und an allen ihren Theilen mehr zusammen gezogen als ihre Gefäße erweitert, und zur Digestion der Nahrung fähig gemacht werden.

Diese, bey der Baumzucht besonders wichtigen Gegenstände, verdienen recht gründliche Beherzigung, um hierin weder zu viel noch zu wenig zu thun.

Die Fälle sind sehr häufig und gewöhnlich, da man das Mißrathen der Pflanzungen, Fehlern zuschreiben kann, welche wider die obigen physikalischen und unumstößlichen Grundsätze begangen worden sind. Der Kenner bemerkt sie sofort, und betrachtet solche Pflanzungen mit Mitleiden, weil er ihr künftiges elendes Schicksal mit Gewißheit voraussiehet. Um also, diese, noch gröstentheils vorkommenden Gebrechen der Baumzucht, nach Möglichkeit zu heben, werde ich hier, in sofern es die **erste Erziehung aus dem Saamen** und **aus Stecklingen** betrift, hierüber näher handeln, das übrige aber — da, wo es die Ordnung meines Vortrages erheischet — beyzubringen suchen.

§. 32.
Von Vertilgung des Unkrautes.

Denen aufgehenden Saamen und Saat-Pflanzen, ist das um und über ihnen befindliche **Gras und Unkraut höchst nachtheilig.** Die Erfahrung lehret, daß alles darunter verbuttet und abstirbt. Diese Wirkung ist zu begreiflich, und liegt zu häufig, zu offen vor Augen, als daß es deswegen weitläufiger Versicherung bedürfen sollte.

Die Ursachen aber sind nicht so allgemein bekannt, noch richtig angegeben, weil sie von vielen auf verschiedene Art erkläret werden.

Viele behaupten -- das Unkraut entziehe mit seinen Wurzeln den Pflanzen die Nahrung, und nehme ihnen solche aus der Erde weg.

Andere hingegen sagen: der Schatten ersticke die Pflanzen; ja es giebt welche, die das Unkraut für ein Schutzmittel wider Dürre und Frost — halten.

Alles dieses insbesondere zu widerlegen, ist hier nicht der Ort, — ich begnüge mich also unwissenden Liebhabern der Baumzucht, eine, auf sichere Gründe gestützte Theorie davon zu geben; welche sie zugleich mit der nöthigen **Lehre vom Wachsthum** und von der Nahrung derjenigen Gewächse die sie kultiviren wollen, — bekannter machen wird.

Der Eingang und Zufluß der Nahrung ist allen Gewächsen gemein, und es kann keine Auswahl der Nahrungsmittel bey den Wurzeln Statt finden: da jene aus einer innigsten Mischung in der Erde bestehen, und ein Allgemeines ausmachen.

Dieses gemeinschaftliche und flüssige Nahrungsmittel findet also gleichen Eingang in alle Gewächse — deren Wurzeln gehörig mit Erde umgeben sind; weil alle Wurzeln in der Zeit des vorsichgehenden Wachsthums, eine anziehende Kraft besitzen müssen.

Wenn aber diese Wurzeln sich sollen Nahrung aneignen und weiter schaffen können, so muß dergleichen auch in der Oberfläche der Erde vorhanden und aufgelöset seyn.

Ist solche in gehöriger Menge angezogen worden, so wird sie, während des Wachsthums in jeder Pflanze aufwärts geleitet, auf eine, ihrer Art ganz angemessene Weise, — digeriret, verbraucht, in die eigene Substanz des Gewächses verwandelt: der Ueberfluß aber, die nicht eigene Flüssigkeit, das reine Wasser und Flüchtige, verdunstet wieder auf der Oberfläche der Pflanze, durch Rinde und Blätter, macht also der weiter eingehenden Nahrung Platz.

Diese bestehet — in **Mischung** — aus **Wasser, Luft, Oehlen, Salzen und Erde.** Von letzterer führt sie aber nur unbegreiflich feine Theilchen mit sich fort, und in die Pflanzen ein. Ihren wenigen Antheil in den Bestandtheilen der Gewächse, beweiset die ausgelaugte Asche; als der eigentlich erdigen Ueberbleibsel des Ganzen.

Um also von der Frucht- oder Unfruchtbarkeit des Erdbodens in Absicht auf das Fortkommen der Gewächse gründlich zu urtheilen, muß man sich bekannt machen, daß die Fruchtbarkeit der Erde auf die mehrere Anwesenheit solcher Theile beruhe, welche einen weit größern Einfluß auf den Wachsthum haben, als der Erdboden selbst. Dieser leztere trägt zur Fruchtbarkeit nur größtentheils in so fern mittelbar bey, als die Verbindung ihrer feinsten Theilchen, die mehrere oder wenigere Aneigung, die Aufbewahrung, und die Bewegung jener flüßigen, flüchtigen Theile des Nahrungsmittels begünstigt und gestattet.

Alle diese — erlanget die Erde unmittelbar von außen, durch **Regen, Schnee, Luft** und **Wärme**, so wie die Gewächse solche auch auf ihrer Oberfläche, nur aber zu verschiedner Zeit, einsaugen und sich aneignen. Eben darin lieget nun die wahre Ursache der Schädlichkeit des Unkrautes, als auch der Nothwendigkeit des Aufackerns und Umgrabens der Felder; des Behakkens, Reinigens, und Wiethens oder Jätens derjenigen Gewächse, deren Wachsthum ungekränkt und munter von statten gehen soll. Denn indem das Gras und Unkraut die Erde bedeckt, so wird ihr der Zugang der Nahrung — von außen vorenthalten, und es kann nicht ersezt werden, was der Erde ersezt werden muß, um im Stande der ununterbrochnen Fruchtbarkeit zu bleiben. Wird aber das Unkraut zerstöret, und die Erde aufgelockert, so kann die Nahrung von außen auf die Erde zufließen, und diese, kann solche den kultivirten Gewächsen desto besser und ununterbrochen — mit ihrer Grundmischung zum Wachsthum zukommen lassen.

Der Schatten, welchen einige vom Unkraute als Vortheil ansehen, kömmt gegen den Schaden nicht in Betracht, der den Pflanzen dadurch doch offenbar erwächset. Es ist also allemahl sicherer, ja nothwendig, das Gras und Unkraut aus allen Saat- und Baumschulen zu verbannen, indem der Wachsthum der jungen Zöglinge dadurch ganz ungemein befördert wird.

In den, obengelehrter Maaßen angelegten Saatschulen ist die Reinigung bey den geraden Gängen und geraden Saatlinien sehr leicht; da man vermittelst Schaufelns und Hackens fast aller Orten vorkommen kann, und nur in den Saat-Reihen selbst, das Unkraut zu wiethen oder zu jäten braucht. Die jedesmalige Reinigung wird in einer vorbestimmten Saamenschule auf einen Thaler und sechs Groschen zu stehen kommen: wo sechs Groschen an Tagelohn gegeben wird. Es werden aber dadurch der Anstalt sehr große Vortheile zuwachsen.

§. 33.

Von Vertilgung des Ungeziefers.

Zur Wartung der Saatschule und zur unschädlichen Beförderung des Wuchses gehöret die Vorsicht und Sorgfalt — alles abzuwenden, wodurch die in der Erde liegenden Saamen und die aufgegangenen Pflanzen vernichtet und beschädiget werden könnten. Dahin gehören außer obigem **Unkraute:**

1) die **Mäuse.**

2) **Maulwürfe.**

3) Reitwürmer (Gryllo-talpa L.).
4) Schnecken.
5) Raupen.
6) Käfer.

Wider Ueberschwemmung, Viehfraß und Hasen, ist schon bey Anleitung zur Anlegung des Platzes und dessen Verzäunung gehörig gesorgt worden.

Es würde im Großen sehr schwer, ja unmöglich seyn, allen obigen **Feinden** mit Erfolg und Vortheil zu steuern. Bey einem halben Morgen aber, und wegen sichern Fortbringens so vieler schätzbaren und seltenen Gewächse, läßt sich schon etwas im Kleinen ausrichten, wenn man in Zeiten aufmerksam ist, und die Zufälle, ehe viel Schaden entstehen — entdeckt.

Die Mäuse und Maulwürfe können mit Fallen gefangen, erstere auch mit Gift getödtet werden: indem man geschroten Maiz und Arsenik vermenget, daraus kleine Kugeln formt, solche dürrt und ausstreuet. Auch vergiftete gelbe Rüben helfen wider die Erdmäuse.

Die Reitwürmer können in verglasurten Töpfen, mit der Erde — gleich — eingegraben, auf ihren Gängen häufig gefangen werden.

Die Schnecken, Raupen und Käfer müssen öfters gesammlet und getödtet werden, ehe sie überhand nehmen, und unwiederbringlichen Schaden anrichten. Versäumt man diese Vorsichten, so verliert man öfters den größten Theil der Aussaat; man hat die Anlage nicht besucht, — kommt etwa gegen den Ausgang des Sommers einmal dahin, findet fast nichts, und nun soll der Saame Schuld haben, und schlecht gewesen seyn!

§. 34.

Sorgfalt für die ausgesäeten Saamen.

Nächst allem Obigen, müssen die schicklichen Mittel angewendet werden, wodurch das Aufgehen der Saamen sich befördern lässet, und die aufgegangenen Pflanzen in munteres Wachsthum gebracht, folglich, zu dereinst gesunden und zu allen Absichten tüchtigen Stämmen erzogen werden können. Es gehöret dieses zur Wartung der Saatschule, und ist für die Folge von großem und wesentlichem Nutzen.

Da der Boden, die Lage und alles in einem solchen kleinen Saatplatze überein ist; dennoch aber, die Saamen — sowohl von Berg als Wasserbäumen, an Laub- und Nadelhölzern darin ausgesäet worden, und aufgehen, — die Pflanzen auch frisch und munter erwachsen sollen: so muß man allerdings der Natur durch Kunst zu Hülfe kommen; wenigstens dieselbe nicht aus Unwissenheit und durch verkehrte Anstalten hindern.

Es giebt Holzarten, deren Saame entweder naß oder trocken; im Schatten oder in der Sonne, oder im Freyen, — während der Keimung und dem Aufgehen, stehen will; deren Pflanzen auch wohl dergleichen verschiedenen Stand und Lage beständig verlangen, wenn sie vollkommen gedeihen, und also zum Nutzen erzogen werden sollen.

Manche Saamen bleiben entweder gänzlich, oder zum Theil, unnöthig ein Jahr länger in der trocknen Erde liegen — als geschehen seyn würde, wenn man dem Aufgehen zu Hülfe gekommen wäre. Es ist aber gewiß, daß die Güte des Keimes sich nicht bey solchem Ueberliegen verbessere, sondern solche vielmehr gar sehr abnehme, wodurch elende und kränkliche Pflänzchen entstehen, und doch immer noch obenein ein Jahr versäumet wird.

Ob nun zwar bey der Aufbewahrung bis zur Versendung der Kisten, — von mir hierauf Rücksicht genommen, und die Behandlung der Saamen darnach angestellet worden ist: so wird doch alle diese meine Vorsicht und Mühe vereitelt seyn; wenn nach der Aussaat nicht diejenigen **Regeln der Wartung** befolget werden, welche im zweiten Theile bey jeder Sorte insbesondere ertheilet werden sollen; und worüber sich hier allgemein und im **Voraus** nur so viel sagen lässet:

1) Daß manche Saamen, zwey Tage und Nächte vor der Aussaat, eingeweichet, ganz kurz vorher aber erst auf einem Tuche etwas wieder an der Luft abgetrocknet werden müssen, um nicht zusammen zu kleben; (wodurch das einzelne Auszetteln verhindert oder erschweret werden würde.) Hierher gehören zum Beyspiel alle erbsenartigen und Nadelholz-Saamen; alle Ahorne, Büch- und Eicheln, fremde Eschen, Maulbeersamen, Apfel-Birn- und Quittenkerne; desgleichen alle Ellern- oder Elsen-Arten.
2) Daß die auf vorstehende Art behandelten Saamen bey trockner Witterung immer

mer feucht, doch nicht zu naß gehalten werden müssen, damit sie weder ausdürren, noch verfauelu. Ein eingeweichter und wieder ganz dürre gewordener Saame hat seine Keimungskraft verlohren. Wird aber das Begießen mäßig, und einem gelinden Regen ähnlich getrieben; wendet man ferner folgende Vorsichten an, so werden diese Holzarten ohnfehlbar im Laufe des ersten Sommers aufgehen, die Pflanzen daraus — auch bis zum Winter erstarket seyn, daß sie die strengste Kälte unbeschützt ertragen können.

3) Müssen andere Saamen hingegen, welche nach ihrer natürlichen Eigenschaft erst im zweiten und dritten Jahre mit der Winterfeuchtigkeit aufgehen — nicht begossen werden, wodurch sie sonst ohnfehlbar verschimmeln und verfaulen würden. Dahin gehören die Hornbäume, Nesselbäume, Hartbäume, alle Weißdorn-Arten, der Kellerhals, die Halesia, die Wachholder-Arten, die Stechpalmen, Liguster, Mispel-Arten, die mehresten Arten des Steinobstes; alle Rosen, Pimpernüsse, Taxus, europäische Linden, gemeine Esche, Vaccinia und Viburna. Man kann unbesorgt seyn, wenn von allen diesen im ersten Sommer nichts erscheinet.

4) Erfordern manche Arten während des Aufgehens und in der zarten Jugend — schlechterdings Schatten und Schutz gegen die brennenden Sonnenstrahlen. Dahin gehören zum Beispiel:

a. Alle — so eben gelegten **Stecklinge.**

b. Die Saamen, welche schwer sind und natürlich gerade unter den Baum und dessen Schatten fallen; das sind also alle die in den Kisten befindlichen großen Saamen überhaupt. Außer diesen lieben den Schatten: die Ahorn-Arten, Hornbäume, Cypressen, Tulpen-Bäume, und alle Nadelhölzer aus dem Geschlechte Pinus L.

Es ist sehr leicht, diesen den Schatten zu verschaffen; man darf nur nach der Aussaat, wenn alles fertig ist, die Sorten, denen es zukommt, mit etwas Deckreisig, von Tannen, Fichten, Kiefern, oder andern belaubten Zweigen belegen; in Ermangelung alles dessen aber etwas Stroh überstreuen, welches jedoch nur im Nothfall angewendet werden muß; da es den Platz verunreiniget, und immer noch Körner fallen läßt, welche entweder aufgehen, oder die Mäuse herbeilocken. Dahingegen —

5) verlangen andere wieder **ganz frey** und ohne alle Bedeckung zu liegen. Bei diesen wird also in der besondern Anweisung hiervon nichts gesagt werden. Das sind zum Beispiel alle Birken-Arten, alle erbsenartige Saamen, Eschen, alles Stein- und Kernobst, Maulbeer-Saame; Ptelea, Spierstauden-Arten, Lebensbäume, Ulmen oder Rüstern.

6) Muß man sich bei den **Nadelholz-Arten** aus dem Geschlechte Pinus, nach dem

erfolgten Aufgehen, gar sehr mit dem Begießen in Acht nehmen, und außer dem Lerchenbaume, den Meer- und Sumpf-Kiefern, welche solches vertragen und lieben, — nur bei äußerster Dürre den andern zu Hülfe kommen. Eben so wenig vertragen es die rothen Cedern und alle übrigen Wachholder-Arten; dahingegen wollen alle Cypressen und Lebensbäume beständig feucht stehen.

7) **Wollen folgende Laubholzpflanzen** in der Saamenschule **sehr** feucht gehalten seyn: die nordamerikanischen Ahorn-Arten, gemeinen Ellern, der Kellerhals, Pickbeeren-Strauch, die Eschen-Arten, der Meerkreuzdorn, Tulpenbaum, die Mispeln, Nordamerikanische Sumpf-Eichen, Faulbäume, und der gemeine Kreuzdorn; die Holunder-Arten (Flieder), Alpranken, Pimpernuß-Arten, der Taxus, die rauhe und amerikanische Rüstern, Linden; desgleichen alle Vaccinia und Viburna.

8) Nehmen mit **weniger feuchtem** nur nicht dürrem **Mittelboden** vorlieb: unsere Ahornarten, die nordische Eller, nordamerikanischen Birkenarten, Berberitze, Roßkastanien, Nesselbäume, Waldreben, Jersey-Thee, Judasbäume, Baumtödter, Blasenbaum; die härtern Arten, Haselnüsse, der Mehlbaum, Elzbeerbaum, Bohnen- und Linsenbäume, Spillbaum, süße Kastanien, Buchen, Acacien, Epheu, Wallnüsse,

Heckenkirschen und Geisblatt-Arten, Maulbeerbäume, Pflaumen-, Pfirsichen-, Mandel- und Kirschbäume, der nordamerikanische Staudenklee, die Birn- und Apfelalle übrige Eichen-Arten, der Vogelbeerbaum und die glatte Rüster.

9) **Auf trocknem Boden,** im Sande und Lehm mit Dammerde, gedeihen an Laubhölzern: unsere Birke, die Heide, der kleine deutsche stachliche Ginster und die übrigen Arten dieses Geschlechts; die Hauhechel, Virginische Traubenkirsche; der Sumach und die Besenpfrieme.

§. 35.

Zufälle im Winter.

Nachdem die Saamen und Saatpflanzen den ersten Sommer über auf solche Art und mit der gehörigen Vorsicht behandelt worden, wird man Ursache finden, sich zu überzeugen, daß die gegebenen, auf Erfahrung gegründeten Regeln ganz andern Erfolg bringen, als man sonst wohl würde haben erwarten dürfen. Die angewendete Mühe und die geringen Kosten werden durch einen reichen Vorrath so vielerley junger Pflanzen reichlich belohnet seyn.

Dieses alles nun im Besitz und vor Augen habend, wird man aufgemuntert werden, nicht allein — die im ersten Jahre noch zurückgebliebenen Arten in den folgenden Jahren zu erlangen, sondern auch die Saamenschule der ferner nöthigen geringen **Wartung** zu würdigen, deren manche ganz junge Pflanzen **besonders im ersten Winter** bedürftig sind.

Ob nun gleich alle im Sortiment befindlichen Holzarten **unserm Klima** dergestalt angemessen sind, daß sie dermaleinst **im Freyen** ausdauern können: so lehrt, (selbst an unsern gemeinsten Bäumen) die Erfahrung, daß nach Beschaffenheit der Witterung im Herbste, — im folgenden Winter so vieles verlohren gehen könne.

Der Verlust entsteht größtentheils, wenn bei einem nassen und kühlen Sommer die Saamen zu spät aufgehen, die jungen Pflanzen lange in den Herbst fortwachsen, vom Winter übereilet, und solchergestalt, — wo nicht ganz, doch bei manchen Arten bis auf die Wurzel getödtet werden. Bei großen **Forstanstalten** läßt sich freylich dagegen nichts anwenden, und es bleiben nur die Klagen übrig, daß unsere großen Kosten vergebens, und unsere Hoffnungen vereitelt seyen.

Da wir aber bei dem Plantagenwesen **im Kleinen** — mit so vielen schätzbaren Sorten in geringer Menge zu thun haben, folglich nicht gern viel verlieren mögen, und Mittel dagegen vorhanden sind: so ist es billig — sich derselben zur Erhaltung unserer Zöglinge auf einem eingeschränkten Platze zu bedienen, und die geringe Mühe nicht zu scheuen!

Die jungen, zarten Pflanzen verschiedener Arten — **leiden im Winter:**

1) entweder obenherein von außen, oder an den Wurzeln — durch **Blachfröste.**

2) Thürmt sich das häufige Schneegestöber zuweilen dergestalt an der Verzäunung von außen an, daß die Hasen über solchen weg und in die Saatschulen kommen, folglich fast alles vernichten können.

3) Wird beim Abgange des Schnees und völligem Thauwetter der Erdboden aufgeschwämmet, daß die Wurzeln der jungen Pflänzchen nur ganz lose darin hängen. Ein sich wieder einstellender blacher Frost ziehet diese lose Erde und die Pflanzen dergestalt auf, daß letztere bloß da liegen, als wenn sie mit Menschenhänden ausgezogen worden wären.

4) Finden sich im Winter die Mäuse am stärksten ein, suchen die noch zurückgebliebenen Saamen, und fressen die Wurzeln der jungen Pflanzen ab; wogegen die bereits angepriesenen Mittel anzuwenden sind.

§. 36.

Vorsichten gegen die Kälte.

Alle diejenigen Pflanzen, welche bey eintretender Kälte im Spätherbste noch nicht ihren Trieb vollendet haben, laufen Gefahr, im Winter zu erfrieren.

Man erkennet die Vollendung des jährlichen Wachsthumes an der Ausbildung des obern, oder Mittelknospen, an der Steife und Festigkeit, auch völligen Ausbildung der letzten Blätter oder Nadeln, und an den steifen, holzartigen, nicht mehr krauthaften Stängeln und Zweigen,

Alle dergleichen bei uns vollendete Pflanzen werden keiner Beschützung gegen die Kälte bedürfen.

Andere hingegen, erforden dergleichen sowohl oben als unten. Gemeiniglich bleiben **im ersten Jahre zärtlich:** Mandel-, Pfirsich-, Trompetenbäume; Nessel-, Judas- und Blasenbäume: Cypressen-Arten, Bohnenbäume, süße Kastanien, gemeine Wallnuß-, Tulpen-, Storax- und Maulbeerbäume; die Meer- und Sumpfkiefern; Platanus, die italiänischen Pappeln, Aprikosen, viele Eichen-Arten, die Acacien, Babylonische Weiden, und der orientalische Lebensbaum.

Man bringt **an derselben Wurzeln** und **Stammenden**, einer Querhand hoch, **Laub** oder **Tangelnadeln**; das übrige wird dicht mit vorbemeldetem verschiedenen **Deckreisig**, und in dessen Ermangelung mit alten Matten bedeckt. Stroh darf hierzu nicht genommen werden, weil die Mäuse sonst ohnfehlbar ihr Winterquartier darunter aufschlagen, und die Pflanzen abfressen werden.

Diese Reisigbedeckung muß zeitig gegen den Frühling, wenn die strengste Kälte vorüber ist, nach und nach wieder weggenommen werden, wodurch man die jungen Pflanzen allmählig an die freye Luft gewöhnet.

Die Bedeckung des Erdbodens hingegen kann bis zum Austrieb liegen bleiben; die jungen Pflanzen werden nun **im zweiten Jahre nicht mehr begossen**, — es müßte denn bei der heftigsten Dürre eine Sorte augenscheinlich schmachten, welches an den Amerikanischen Ahornen, den gemeinen Ellern, Cypressen, Porst, Tulpenbäumen, Storax, Wachsbäumen, Meer- und Sumpfkiefern, Platanen, Pappeln, Scharlach- und Sumpfeichen, dem Faulbaum, den Weidenarten und Alpranken, zuerst bemerket wird.

§. 37.

Vorsichten bei tiefem Schnee.

Da das Schneegestöber sich öfters an die Verhägung dergestalt anhäufet, daß, wenn es etwas gefrieret, — die Hasen in die Saatschule kommen, so ist es nöthig, darauf Acht zu haben, und den Schnee abzuschaufeln, weil sonst in einer einzigen Nacht sehr großer Schaden geschehen kann.

Man muß überhaupt auch bedacht seyn, dem allzu häufigen Wasser vom schmelzenden Schnee Abzug zu verschaffen, damit solches nicht im Platze stehen bleibe und die Pflanzen ersäufe.

§. 38.

Vorsicht beim Aufziehen der Pflanzen durch Frost.

Der durch Schneewasser aufgeschwämmte weiche, so wie der allzu lockere sandige Erdboden giebt mit Ausgange des Winters — in den Saatplätzen eine gar sonderbare, aber übele Erscheinung.

Der Frost zieht die Nässe in die Höhe, und zugleich die jungen Pflanzen mit, deren Wurzeln noch zu wenig in solcher Erde befestigt seyn können.

Die jungen Stämmchen liegen so ganz oben auf, daß man glauben sollte, sie wären mit Fleiß außgerissen und hingeworfen worden.

Man muß sie sogleich bei Thauwetter wieder behutsam mit den Fingern eindrücken, und gleichsam pflanzen, wenn man nicht alles — was vom Froste ausgezogen worden ist, verlieren will.

§. 39.

Beschluß dieses Abschnittes.

Bei solchen geringen, aber nöthigen Bemühungen — wird der **erste Winter** mit wenigem Verluste — **überstanden** werden, und man wird sich der folgenden Wachsthumszeit, und der in solcher zu hoffenden Fortschritte freuen können.

Die allermehresten, im abgewichenen Jahre noch **zurückgebliebenen Saamen werden** erscheinen, selbst von den Sorten, von welchen bereits schon manches aufgegangen war.

Die **Reinigung** vom Gras und Unkraute wird, wie solches nöthig ist, fleißig und unabläßig bewirket, bevor solches erstarket oder gar zum Saamen kommt. Die **Bezeichnungen**, welche etwa verlöschen wollen, werden erneuert, und wachsame Augen auf alles dasjenige gerichtet, was im **Laufe des folgenden Jahres schaden** könnte.

Dritter Abschnitt.

Grundsätze bei den Versetzungsgeschäften.

§. 40.

Absichten bei der Versetzung.

Es ist schon vorher gesagt worden, daß zum Erfolge der vorzunehmenden Pflanzungen schlechterdings nothwendig sey, die jungen Pflanzstämme je früher desto besser zu solcher großen und widernatürlichen Veränderung vorzubereiten.

Diese Vorbereitung geschieht durch **frühe Versetzung** aller derjenigen Pflanzen, die in der Saamenschule erzeugt worden sind.

Ihr Stand darin ist zu dichte, als daß die Wurzeln sich gehörig ausbreiten, und in der Folge nicht die mehresten Stämme auch unterdrückt werden sollten.

Ihre Wurzeln würden gerade unter sich — nur in die Tiefe wachsen, und es würden keine Seiten- und Thauwurzeln gebildet werden können, welche doch allen größer zu verpflanzenden Stämmen nothwendig sind. Sie würden keine Zweige bilden, sondern zu schlank erwachsen, welches bei allen zu verpflanzenden Stämmen nichts tauget; denn Zweige und Blätter sind als einsaugende Werkzeuge zum Verstärken des Stammes und zur Nahrung des Ganzen — von Jugend an nothwendig. Aus Mangel an Raum würden sie verbutten, ehe sie so weit heranwüchsen, daß sie zu mancherlei Endzwecken ins Freye verpflanzet werden könnten. Es ist endlich — nach der oben bereits gegebenen deutlichen Erläuterung alle Mal höchst mißlich, die Pflanzen in der Saatschule veralten zu lassen. Man hat also nach den vorliegenden Umständen in reifliche Ueberlegung zu nehmen, welche Absichten man bei der Baumzucht habe, und nur hiernach müssen die fernern Maßregeln gehörig genommen werden.

Ein Waldbesitzer, welcher nach seinem Gefallen Gehäge anlegen kann, und wünschen sollte, die fremden nebst den einheimischen Holzarten anzubauen, wird den sichersten und wohlfeilsten guten Gebrauch — von den in der Saamenschule befindlichen schätzbaren Sorten machen, wenn er die Stämme im Herbste und im Frühlinge, je jünger, desto besser, in gehöriger Entfernung an den Ort bringet, wo sie für dermaleinst erwachsen und Nutzen bringen sollen.

Die Pflanzen werden hierzu im zweiten und im dritten Jahre aus der Saamenschule — gleich an den Ort ihrer Bestimmung gesetzt. Die rechte Jahreszeit wird für jede Sorte nach den vorkommenden Umständen gehörig bestimmt werden. Alle andere §. 1. angegebenen möglichen Absichten bei der Baumzucht machen die Versetzung der jungen Pflanzen und also Baumschulen nothwendig.

§. 41.
Von der Baumschule und ihren nöthigen Eigenschaften.

Ich verstehe unter einer **Baumschule** — einen hinreichend befriedigten Platz zur Erziehung junger Bäume und Sträuche, weder in fettem noch zu magern Boden; und da nach der vorliegenden Sortenmenge — nicht alle Arten auf einerlei Boden gleich gut erzogen werden können; so setze ich voraus, daß ein **etwas abhängiger Ort** gewählet werden müsse, welcher 1) **unten feucht**, 2) **in der Mitte gemäßigt**, und 3) **oben — trockener** sey. Unter solcher Beschaffenheit des Erdbodens können alle erdenkliche Holzarten, die unter unserm Klima im Freyen aushalten, dergestalt erzogen werden, daß sie für die Folge die möglichste Vollkommenheit versprechen.

Um so glücklicher werden diejenigen seyn, welche eine freye Auswahl der **Lage** und übrigen Lokalumstände haben.

Ich rechne hierzu: 1) den **Abhang gegen Mittag** frey, unten mit einem **Wassergraben** versehen. 2) Gegen **Mitternacht und Morgen**, hohes Holz, oder Gebäude, oder Berge — vor. 3) Viel **Wasser in der Nähe**, welches den Frostschaden von der Baumschule, nach vieljährigen Erfahrungen, **abwendet**.

4) Wird die Baumschule gar viel dabei gewinnen, wenn sie nicht zu weit von dem Wohnorte desjenigen entfernt ist, welcher die Aufsicht und Wartung haben soll.

Ich finde nöthig, mich über die erforderliche Beschaffenheit des Bodens in der Baumschule noch viel näher zu erklären.

Sobald die Eigenschaften desselben durch die verlangte abhängige Lage begünstiget werden, daß feuchtes, gemäßigtes und trocknes Erdreich vorhanden ist, so sehe ich weiter nicht auf die Erdarten selbst, weil alle Wirkungen auf Pflanzen in solcher Beschaffenheit — hervor zu bringen sind, welche man nur irgend durch die verschiedenen Erdarten selbst nach derjenigen Theorie erwarten kann, worüber ich bereits §. 32. umständlich gehandelt habe.

§. 42.
Bestimmung, was unter feuchtem Boden zu verstehen sey.

Unter **feucht** verstehe ich ausdrücklich, daß **niemals** auf der Oberfläche der Erde **Wasser stehen müsse**; sondern daß es davon ablaufen, oder einziehen, der Boden auch zu aller Zeit umgegraben werden könne, ohne — dabei gleich auf Grundwasser zu kommen.

Es ist aber höchst **nothwendig**, daß die **Baumschule Wasser** habe, und also wird in diesem feuchten Boden die schicklichste Gelegenheit zur Anlegung eines **Wasserbehälters** oder Brunnens seyn. Auf diesem untern Theile der

Baumschule gehören diejenigen Gewächse, welche als Wasserbäume anzusehen sind, und in der Abhandlung der Arten erwähnt werden sollen. Auf dergleichen Boden ist der Frühling für alle Arten die beste Pflanzzeit.

§. 43.

Bestimmung, was unter gemäßigtem Boden zu verstehen sey.

Gemäßigter Boden, in einer solchen abhängigen Lage, setzt als das Mittel zwischen naß und trocken schon milde Erde in Mischung — voraus.

Sie ist für die mehresten Gewächse fruchtbar, in so fern sie nicht aus zu schwerem, bindenden Letten bestehet. Der Sand hingegen mit Gartenerde (Dammerde) auch mit kleinen Steinen vermengt, ist in dieser gemäßigten Lage äußerst fruchtbar. Er würde selbst die Wasserbäume, nicht weniger alle Nadelhölzer verwundernswürdig fortbringen, wenn man letztere hier ließe, nicht wieder verpflanzen, und dann in leichtern Boden bringen wollte. Da solches aber alsdann keinen guten Erfolg haben würde, so thut man wohl — sie in der Baumschule auf keinen bessern Boden zu bringen, als sie in der Folge haben können. Auf gemäßigtem Boden ist die Pflanzzeit sowohl im Frühlinge, als im Herbste, nach Beschaffenheit der Arten gleich gut.

§. 44.
Bestimmungen, was unter trockenem Boden zu verstehen sey.

Trocken — pflegt jederzeit der **Obertheil eines Abhanges** zu seyn, wenn nicht verhältnißmäßig noch mehr Anhöhe über solchem befindlich ist, oder wenn keine Quellen vorhanden sind.

Auch hier wünsche ich lieber einen sandigen als **zu strengen Boden**, welcher letztere in Absicht der Baumzucht — ohnehin der **schlechteste ist**.

Dieser Theil der Baumschule ist für diejenigen Holzarten geschickt, welche dermaleinst für einen **Heideboden** bestimmt sind, und näher angezeigt werden sollen.

Die Herbst-Versetzung verspricht auf trockenem Boden den **besten Erfolg**, weil diese Erde — sich den Winter über dicht setzet, im Frühling aber aufgelockert — bis unter die Wurzeln auszehret.

§. 45.
Ueber die Wahl des Bodens zur Baumschule.

Alle diese verschiedenen Eigenschaften des Bodens werden am häufigsten **an Wiesengründen beisammen** angetroffen. Je vortrefflicher und gelegener der Platz zur Baumschule seyn kann, desto ansehnlicher wird der Vortheil: und man wird überzeugt werden, daß keine Erdfläche auf andere landwirthschaftliche Art — so hoch genutzet werden könne.

Jeder neuer Wald- oder Wiesen- oder Anger-Boden hat ohnstreitige Vorzüge zur Baumzucht, — gegen altes kultivirtes und ausgehungertes Feld- und Gartenland. Der Wachsthum der Bäume im ersten verhält sich gegen letzteres gewiß, wenigstens wie 3 zu 1.

Da aber nicht jedermann in dem Besitze so vieler Grundstücke ist, um nach Gefallen eine Wahl anstellen zu können; vielleicht auch bloß nur — ein Raum in einem Garten zur Baumzucht angewendet werden kann: so muß man hier auch ebenfalls auf Mittel denken, **die Natur durch Kunst nachzuahmen**, das heißt man wird genöthigt, auf **trocknem** Boden die Wasserbäume durch Begießen naß zu erhalten; diejenigen aber, welche **gemäßigten** Boden verlangen, auf gelinde Art öfters zu erfrischen; auf **nassem** Boden aber Graben und Aufwürfe zu machen, und damit dergestalt stufenweise zu verfahren, wie die Beschaffenheit des Bodens den verschiedenen Arten — verschieden angemessen seyn kann.

§. 46.
Anweisung zur Absteckung, Zubereitung und Abtheilung der Baumschule.

Wenn nun alles Vorhergehende in Absicht der **Auswahl** des Ortes bedacht, auch ein Jahr von Zeit der Anlegung und Besäung der Saamenschule vorflossen, und eine Menge junger Pflanzen vorhanden ist: so wird zur **Absteckung** und **Zubereitung der Baumschule** Anstalt gemacht.

Ist

Ist die Saamenschule von 90 □Ruthen mit einer meiner Kisten besäet, gut behandelt und gewartet worden, so wird der darin enge befindliche Pflanzen-Vorrath — einen wenigstens dreimal so großen Raum zur **Baumschule**, mithin also 270 Rheinl. □Ruthen verlangen, welche durch 17 Ruthen Länge und 15 Ruthen 10½ Duodezim. Fuß Breite im Viereck nach Fig. 2. erlanget werden können.

Die **Zubereitung** des Erdbodens geschieht nach Umständen: entweder durch dreimaliges tiefes **Umpflügen** und Glatteggen, oder durch tiefes **Umgraben**. Das Letztere ist theurer, hat aber seine Vorzüge in unartigem Boden, weil die Wurzeln des Unkrautes auf solche Art besser herausgebracht werden können.

Die Zubereitungsart ist übrigens gleichgültig; in beiden Fällen ist die Absicht, den Boden **rein** — und recht **urbar** zu machen.

Die Ursache, warum solche Baumschule nach obigem abgesteckten Umfange — auch recht **tüchtig** verzäunet werden müsse, sind schon aus der Anleitung zur Saamenschule und deren Wartung bekannt.

Der innerhalb solcher Verzäunung befindliche **Platz** von 270 Quadratruthen enthält also wo möglich die natürlichen Eigenschaften, welche ich angezeigter Maßen wünsche; oder sie werden ihm durch Kunst oder Arbeit verschafft. Auf alle Fälle theilet man den wohl bearbeiteten und glatt gemachten Inhalt, in Ansehung seiner Breite von 15 Ruthen 10½ Duodezim. Fuß, der Länge von 17 Ruthen nach — **in drei gleiche Theile**, und benennet nach Fig. 2. den **untersten**, den ersten Haupttheil, **feucht**; den **mittelsten**, den andern Haupttheil, **gemäßigt**; und den **obersten**, den dritten Haupttheil, **trocken**.

Hierauf werde ich mich bei der **speciellen Anleitung** zur Kultur — beziehen, ohne weiter darauf Rücksicht zu nehmen, ob der Platz auch wirklich solche Eigenschaften besitze, oder ob man solche durch Kunst verschaffet habe.

Zwischen jedem dieser drei Theile und rund herum in der Baumschule werden nach Fig. 2. vier Fuß breite Gänge nach der Schnur abgesteckt und die Linien derselben bezeichnet.

Die drei Haupttheile werden sodann durch Merkzeichen auf dem untersten langen Quergange Fig. 2. *a* bei *e* nach dem obersten *d* herauf — in parallele, drei Fuß von einander entfernte **Pflanzlinien** — getheilet; es geschieht mit einer langen Gartenschnur, und auf solche Weise werden die Pflanzlinien zugleich gedoppelt auch mit Pfählen zu Merkzeichen auf die Gänge *b* und *c* von *e* bis *f* getragen, und beständig sichtbar erhalten, damit solche künftig vermittelst einer kurzen Schnur immer wieder gefunden, und bei Besetzung der Baumschule gleichmäßig aufgegraben werden können.

§. 47.

Bestimmung der Versetzzeit, und der Geschäfte beim Versetzen selbst.

Die **Versetzzeit** beginnt, wenn die Bäume die Blätter im Herbste verlieren, und dauert bei offenem Wetter — im **Winter**, und ferner in den **Frühling** fort, bis die Bewegung der Säfte in den Pflanzen durch Aufschwellen der Knospen und deren Ausbruch merklich wird. Selbst im Sommer habe ich öfters Laubhölzer zwischen dem ersten und zweiten Triebe; allemal aber die immergrünen Nadelhölzer — Ausgangs August — glücklich versetzt.

Wenn nun gegen Anfang obiger Versetzzeit die Zubereitung der **Baumschule** fertig, ist, so wird zu deren Besetzung mit den in der Saamenschule erzeugten Pflanzen geschritten.

Hierbei kommen in Betracht die **Vortheile und Handgriffe**:

1) Beim **Ausheben** der Pflanzen in der Saamenschule;
2) bei deren **Sortirung** nach ihrer Größe;
3) bei **Vorrichtung** der Wurzeln;
4) beim Einlegen und Bezeichnen der Arten, zum **Transport** nach der Baumschule;
5) bei Verfertigung des **Pflanzgrabens** in der Baumschulen-Reihe;
6) bei **Einsetzung** der Pflanzen;
7) beim **Anschlämmen** mit Wasser;
8) beim **Befestigen** der Wurzeln und Einebenen der Erde.

Die hierüber folgenden Regeln sind **für alle Holzarten gemein.**

§. 48.
Anweisung zum Ausheben der Pflanzen in der Saamenschule.

Es versteht sich von selbst, daß jede Sorte besonders vorgenommen, ausgehoben, transportiret und in der Baumschule in Reihen eingesetzet werden müsse.

Man fängt daher mit derjenigen an, von welcher bereits die Pflanzen — ihre diesjährige Vegetation in der Saamenschule vollendet haben.

Von dieser wird also an dem einen Ende die erste Saatlinie mit einem Grabscheite oder einer Spadte behutsam mit allen Wurzeln und der daran befindlichen Erde aufgenommen. Diese wird dadurch um die Wurzeln locker, und solche jungen Pflanzen werden sich also ohne Beschädigung herausnehmen lassen.

Es wird Linie vor Linie mit Aufnehmen und Ausziehen fortgefahren, so lange Pflanzen von dieser Art vorhanden sind.

§. 49.
Anweisung zur Sortirung der Pflanzen jeder Art.

Alle aufgenommenen Pflanzen einer Art werden nach ihrer verschiedenen Größe in die Sortimenter gebracht, indem man die größesten, die mittlern und die kleinsten aussuchet und auf besondere Klumpen leget: daß Wurzel auf Wurzel und Stamm auf Stamm liege.

Man muß hierbei sorgfältig verhüten, daß die **Wurzeln nicht lange der freyen Luft ausgesezt** bleiben; zu dem Ende bedient man sich drei Stück alter **Bastmatten**, welche naß gemacht, und über die Pflanzenklumpe gebreitet werden. Die Sortirung ist deswegen höchst nothwendig, damit jede Pflanze nach ihrer Größe gleich große Nachbarn in der Baumschule bekomme, und nicht durch größere überwachsen werde.

§. 50.

Anweisung zur Behandlung der Wurzeln.

Da beim **Versetzen die Absicht auf Bildung, vieler guter, junger Wurzeln** gerichtet ist, so kommt es auch darauf an, daß solche erreichet werde; zu dem Ende muß schlechterdings die **unterste Spitze der Herzwurzel hinweg**, wenn es auch nur noch so wenig wäre. Sobald diese ab ist, so hört die perpendikuläre Verlängerung auf, und es erfolgen in schräger und horizontaler Richtung viele **Seitenwurzeln**, welche nicht so leicht entstehen, wenn der Wachsthum aus der Spitze der Pfahlwurzel fortgesetzt würde, und wenn der Stamm zu alt wäre, als daß durch die dicke Rinde dergleichen hätte hervorbrechen können.

Man nimmt der Kürze wegen so viele Pflanzen in eine Hand, als man fassen kann, und verschneidet mit einem Mahle sämmtliche Wurzelspitzen; **schonet** aber der **jungen Seitenwurzeln** mit aller Vorsicht.

Diese Operation ist so gelinde, daß der Abschnitt schon in vierzehn Tagen nach dem Austriebe der Pflanze verheilet. Bei ältern Stämmen, und folglich dickern Wurzeln hingegen kann er nie zuheilen, ehe nicht weiter fressende Fäulniß in die Wunden gekommen seyn sollte. Bei so unsinniger Verpflanzung bringen die großen unversetzt gewesenen Stämme den Todt schon mit an den Ort ihrer Bestimmung hin.

Wollte man einwenden: — „Es sey überhaupt den Bäumen schädlich, wenn sie an Verlängerung der Herzwurzel gehindert würden; diese von mir vorgeschlagene Operation wäre also bedenklich:“ so führe ich dagegen zu Gemüthe: daß entweder kein Baum gepflanzet — oder diese Operation vorgenommen werden müsse; denn es ist nur Vorurtheil und Unwissenheit, wenn man glaubt, daß größere Bäume aus ihrem Saamenstandorte ohne Abstoßen der Herzwurzel ausgehoben werden könnten; und dann — treten doch jene Fehler und Krankheiten ohnfehlbar ein, von denen so eben Meldung geschehen ist; welche also gewiß weit bedenklicher seyn müssen, als mein Verfahren, bei welchem die Pflanzen gesund bleiben, durch häufige Wurzeln reichlich ernähret, und folglich im Wahsthume ohnstreitig befördert werden.

Daß dieses keine Hypothese, und von mir nur auf gerathewohl angenommene Lieblings-Meinung sey — beweisen die Millionen meiner lebendigen, muntern Zöglinge so mannichfaltiger Arten.

§. 51.
Anweisung zum Transport der Saatpflanzen nach der Baumschule.

So wie schon vorher die freye **Luft** den Baumwurzeln schädlich erklärt worden ist; so findet diese Regel auch besonders **beim Transport** der Pflanzen zur Baumschule und ferner statt.

Man leget also die Sortimenter in Wannen-Körbe, und bedeckt solche mit nassem Moose, welches darauf liegen bleibt, so lange beim Versetzen noch eine Pflanze im Korbe befindlich ist. Man muß eben daher auch in einem Tage nicht mehr Pflanzen aus der Samenschule ausheben, als an selbigem — in die Baumschule eingesetzt werden können.

Dieses würde sonst in der Frühlings-Pflanzzeit, bei den auszehrenden Ostwinden, am allerschädlichsten seyn. Man läuft durch solchen Fehler Gefahr, besonders alle außer der Erde gebliebenen **Nadelholz-Pflanzen** zu verlieren.

Damit **keine Verwechselung** der Arten vorgehe, so ist nothwendig, den Pflanzenkorb mit dem, in der Saamenschule an den Pflanzen auszuziehenden **Marquir-Stock** zu versehen, welcher sodann in der Baumschule **vor der ersten Pflanze der Art** eingesteckt wird.

Eben so wird mit den, im vorigen, oder höchstens vor zwey Jahren eingesteckten **bewurzelten Zweigen** — gleich den Saamenpflanzen, verfahren. Denn bleiben sie zu lange auf der ersten Stelle stehen, so laufen die Wurzeln zu weit und einzeln aus, wodurch bei älterer Versetzung jene Gebrechen entstehen würden, welche schon oben ausführlich erörtert worden sind.

§. 52.
Anleitung zur gehörigen Verfertigung des Pflanzgrabens in der Baumschule.

Da im zweiten Theile dieser Anleitung von jeder Holzart beigebracht werden wird, auf welchen Hauptheil sie in der Baumschule gehöre: so wird solches über die jedesmal vorhabende Sorte nachgeschlagen, und auf den bestimmten Hauptheil eine Schnur von dem untersten zum obersten Merkpfahl der Pflanzlinie scharf ausgezogen.

An dieser Schnur wird mit dem Grabscheite, oder der Spadte, die Linie senkrecht spadtentief — abgestochen, und an derselben die Erde eine Spadte breit, nach sich zu — **herausgehoben**, wodurch ein kleiner **Graben** mit einem unter der Schnur befindlichen **geraden** und glatten **Rande**, und mit einem auf der **andern Seite** liegenden **Erdvorrathe** entstehet.

Alle diese Arbeit wird in der Folge **rückwärts** fortgesetzt, um die fertigen Linien nicht weiter zu betreten.

§. 53.
Anweisung zum Versetzen.

Der Pflanzer nimmt hierauf ein Sortiment Pflanzen aus dem angefüllten Korbe, begießt sie mit Wasser (damit die lockere Erde an den nassen Haarwurzeln hängen bleibe), und legt sie in einen kleinen Wannenkorb, welchen er ebenfalls wohl mit Moos bedecket.

Diesen Korb stellet er Anfangs der Linie an den scharfen Grabenrand vor sich hin, stecket zuvörderst den Marquir-Stock mit dem Namen der Sorte ein; knieet mit dem linken Beine auf den Grabenauswurf, um von der Linken zur Rechten fortschreiten zu können.

Um die Pflanzen in der Linie gleich weit zu setzen (wie bei jeder Sorte vorgeschrieben wird), bedient man sich eines Maßstabes, dieser wird auf den scharfen Rand gelegt, eine Pflanze aus dem Korbe gezogen, und solche gegen das nach der rechten Hand weisende Ende des Maßes im Graben aufgestellt; mit der rechten Hand wird von dem Auswurfe — Erde hineingezogen, womit man die Wurzeln füttert; worauf die lockere Erde bis an den scharfen Rand um die Pflanzen angehäufet werden muß. Den Korb und das Maß rückt man sodann weiter nach der rechten Hand, folgt selbst so weit mit dem linken Knie und rechten Fuße, und fährt mit obigem Geschäfte bis an das Ende der Linie fort.

§. 54.

Anweisung zum höchst nöthigen Anschlämmen oder Angießen der Pflanzen.

Zwischen den Pflanzen — wird allemahl in dem Graben eine kleine Vertiefung bei der Einsetzung verbleiben.

In jede derselben gießt man mit der Gieß-kanne genugsam Wasser, wodurch die lockere Erde sich an die Wurzeln anschlämmet, und zu einem Breye wird.

Dieses Begießen ist zu aller Zeit und unter allen Umständen schlechterdings nothwendig, und es beruhet hierauf vorzüglich das gute Gedeihen der Pflanz-Stämmchen.

§. 55.

Anweisung zur Befestigung der Pflanzen und zur Vollendung des Versetzungsgeschäftes.

Wenn das Begießen der Pflanzen fertig ist, und das Wasser sich einzieht, so wird die übrige Erde mit einer Schaufel vollends in den Graben geschoben, und mit dem linken Fuße — der Länge nach — fest und eben getreten; jedoch ohne den Pflanzen nahe zu kommen, welche zu gleicher Zeit mit der linken Hand gerade gerichtet, und eben **nicht tiefer** in die Erde gebracht werden müssen, als sie vorher in der Saamenschule darin standen.

Ist diese Reihe solcher Gestalt völlig fertig, so wird die dahinter befindliche Linie auf gleiche Art abgeschnüret, aufgegraben, besetzt, angegossen und befestigt, welches fortgesetzt wird, so lange von diesem Sortimente noch Pflanzen vorhanden sind. Hierauf werden die mittlern und endlich die kleinen Pflanzen derselben Art so eingesetzt; endlich aber — alle in der Samenschule befindlichen Arten so behandelt.

§. 56.

Anweisung, den zuvörderst übrig gebliebenen Platz in der Baumschule zweckmäßig zu nutzen.

Der nach der ersten Frühlingsbesetzung in der Baumschule noch übrig und ledig gebliebene Raum — kann einstweilen — mit Erdtoffeln, Tabak, Weißenkohl und dergleichen Gewächsen benutzet werden. Die Kultur derselben verhindert und zerstört das Gras und Unkraut; die Früchte selbst aber sind alsdann schon wieder abgebracht, wenn im kommenden Herbste die Pflanzzeit angeht, und die in der Saamenschule erstarkten und nachgekommenen Stämmchen versetzt werden können.

Auf diese Weise wird man mit der Zwischen-Benutzung fortfahren, so lange noch Vorräthe aus der Saamenschule zu erwarten sind, und in der Baumschule — Platz befindlich ist.

§. 57.

Vorläufige Anzeige vom Erfolge im zweiten und dritten Jahre.

Ehe die letzten Pflanzen (unter welchen ich die erst im zweiten und dritten Jahre nach der Aussaat aufgegangenen Stämmchen, und die weiter schon selbst aus Zweigen gezogenen wieder eingelegten Stecklinge verstehe) — aus der Saatschule in die Baumschule gebracht seyn werden, wird man schon genug Vortheil und Freude an den zuerst eingesetzten Stämmen haben.

Viele sind in zwei, drei Jahren so weit erstarket und herangewachsen, daß sie entweder schon an den Ort ihrer Bestimmung gesetzt werden können, oder um groß verpflanzt zu werden, nunmehr nochmals in der Baumschule auf der Stelle versetzt werden müssen.

Das Alter läßt sich aber nicht mit Zuverlässigkeit im voraus bestimmen, in welchem jede Holzart ins Freye ausgepflanzet werden kann; denn Beschleunigung, sowohl als Versäumniß beim Wachsthum, hängen von den Lokalumständen, von der Behandlung und von gar vielen Zufällen ab.

§. 58.
Kostenanschlag zur Besetzung der Baumschule.

Bei Einsetzung der ganz kleinen und nur einen halben oder ganzen Finger langen Pflänzchen kann gar viel Platz in der Baumschule dadurch ersparet werden, wenn man nach Fig. 2. *g.* zwischen zwei und vier Pflanzlinien noch zwei dergleichen einschaltet.

Dieses findet fast allezeit bei den Nadelhölzern im trocknen Hauptheile Statt, indem die mehresten ohnehin lange klein bleiben, und folglich unnöthig viel Platz wegnehmen würden, wenn die Linien drey Fuß aus einander bleiben sollten.

Die Kosten der Einsetzung aus der Saatschule in die Baumschule — sind gegen den mit Gewißheit zu erwartenden Nutzen sehr gering;

denn mnn kann da, wo 6 Groschen Tagelohn gegeben werden, — das Tausend Pflanzen für Einen Thaler und vier bis sechs Grcschen gar wohl versetzen; folglich nach der Menge — einen Ueberschlag machen.

Die Arbeit gehet am geschwindesten und besten von statten, wenn drey Mann zugleich angestellet werden.

§. 59.

Die Baumschule erfordert Sorgfalt und Wartung.

Es ist nicht genug, die Baumschule mit Pflanzen besetzt zu haben, — und solche alsdenn ihrem Schicksale zu überlassen!

Sie erfordert nunmehr die gehörige Wartung, um —

1) Allen Schaden möglichst zu verhüten.
2) Die jungen Bäume den verschiedenen Absichten gemäß zu erziehen; und —
3) Die möglichste Vermehrung von manchen Sorten zu machen.

§. 60.

Was der Baumschule überhaupt nachtheilig sey.

Den Baumschulen sind vorzüglich nachtheilig

a) das Gras und Unkraut;
b) die anhaltende Dürre im ersten Jahre;
c) Allzu große Nässe, bei welcher der Wachsthum der Pflanzen gehemmt wird,

da solche mehr einsaugen als sie verbrauchen können; folglich auch kränklich und krätzig werden.

d) Die an den jungen Stämmen austreibenden **Wasserreiser** und **doppelten Gipfel**.

e) Alles **ungeschickte Beschneiden** und Verstümmeln. Endlich auch

f) Die **Mäuse, Käfer** und **Raupen**.

Alles dieses sind wichtige Gegenstände, von welchen ich hier näher handeln will.

§. 61.

Von Reinigung der Baumschulen.

Wie nachtheilig und hinderlich das **Gras** und **Unkraut** den jungen Pflanzen sey, habe ich bereits §. 32. erörtert und bewiesen. Es ist also um so mehr nothwendig, solches auch aus den Baumschulen zu verbannen, wenn man den Wachsthum der jungen Bäume nicht muthwillig hemmen oder hindern will.

Die regelmäßige Eintheilung des Ganzen in Pflanzlinien und Gänge erhält nicht allein die Ordnung und Uebersicht, sondern sie erleichtert auch die Reinigung.

Man bedient sich dazu mit vielem Vortheil der gewöhnlichen Gartenschaufeln, mit welchen man alles in den Gängen und zwischen den Pflanzlinien aufgeschlagene Unkraut sehr leicht und wohlfeil abstoßen und vertilgen kann. Es bleibt also nur übrig, das in den Linien selbst — an den Stämmen befindliche Unkraut — mit Händen auszuziehen.

Wer seine Baumschule recht rein und sauber halten will, überziehet sodann alles mit der Harke oder dem Rechen, und schafft das abgewelkte Unkraut weg; trocknet es auf, und benutzt es wie man kann.

Bei feuchtem Wetter hat dieses seine Vorzüge, weil die abgeschaufelten perennirenden Grasarten leicht wieder anwachsen, wenn sie nicht auf der Stelle ganz dürre werden können; die Reinigung also öfters wiederhohlet werden muß, wodurch die Kosten der Unterhaltung vergrößert werden.

Nimmt man aber die Reinigung bei trockenem, heitern Wetter vor, so kann alles liegen bleiben, da es auf solche Art getödtet wird, in der Folge verfaulet, und den jungen Bäumen eine natürlich = unschädliche Düngung giebt, durch welche der Erde und den Pflanzen wenigstens wieder ersetzt wird, — was sie bei Ausbildung des Unkrautes verlohren haben.

Da das mehrere oder mindere Begrasen von der Beschaffenheit des Bodens und von der Witterung abhängt: so dürften sich die rechten Zeiten wohl nicht so allgemein bestimmen lassen, in welchen die Reinigung vorgenommen werden müßte.

Unter zwei Mahl im Jahre — reicht es indessen gewiß nicht hin; ja es wird wohl fast immer drei Mahl nöthig seyn. Nähmlich im Anfange des Mai, in der Mitte des Augusts und zu Anfang des Oktobers.

Die Hauptvorsicht besteht darin, daß man den Unkrautsaamen nicht reif werden, und ausfallen läßt; auch bei erster Bearbeitung des

Bodens auf die Vertilgung der perennirenden Unkrautwurzeln siehet.

Die jedesmahligen Reinigungskosten lassen sich nicht füglich allgemein veranschlagen: da es auf Beschaffenheit des reinen oder steinigen, schweren oder milden Bodens, und auf die am häufigsten vorhandenen, öfters leicht oder schwer abzustoßenden Gras- und Unkrautarten ankommt. Man kann indessen im Durchschnitte annehmen, daß bei jeder Reinigung der Magdeburger Morgen 2 Rthlr. 12 Gr. koste, wenn 6 Gr. Tagelohn gegeben werden.

§. 62.
Von der anhaltenden Dürre im ersten Sommer.

Die anhaltende Dürre ziehet im ersten Jahre den neuerlich eingesetzten, und noch nicht genugsam angewachsenen jungen Stämmen öfters den Tod zu. Es kann aber da sehr leicht und wohlfeil verhütet werden, wo verlangter Maßen zum Begießen — in der Nähe Wasser vorhanden ist.

Man ziehet deswegen vorher mit der Hacke eine Rinne neben der Pflanzlinie, und gießet in selbige zunächst den jungen Stämmen so viel Wasser aus der Gießkanne, als zur Erfrischung der Wurzeln erforderlich ist.

Daß man durch einen Tagelöhner solchergestalt viel tausend schätzbaren Pflanzen das Leben retten könne, — bedarf wohl keines Beweises!

§. 63.

Von anhaltender Nässe.

Die im Sommer, bei anhaltendem Regenwetter, und im Frühling durch Schneewasser entstehende allzu große Nässe wird entweder Fehlern zuzuschreiben seyn, welche bei Anlegung der Baumschule begangen worden sind, weil man nicht auf abschüssige Lage des Platzes gesehen hat; oder dergleichen Unheil entsteht aus eingeschränkter Wahl — und Mangel an Grundstücken, welche der Absicht gehörig entsprechen würden.

Im ersten Falle, und bei einer abhängigen, unten feuchten, und mit einem Abzugsgraben versehenen Baumschule darf nichts von der Nässe befürchtet werden, die in solcher Lage immer gemäßigt seyn wird.

Im andern Falle aber ist man, um nicht alles zu verlieren — genöthigt, sich das überflüssige Wasser durch Kunst und Arbeit wegzuschaffen; indem schmale, tiefe Graben und Abzüge zu machen sind, zu deren Anlegung die Lokalbeschaffenheit — Vorschrift geben muß.

§. 64.

Von den Wasser-Reisern und doppelten Gipfeln.

Die bei starkem Wachsthum wohlgenährter und gewarteter Pflanzen austreibenden Wasser-Reiser und doppelten Gipfel, sind den jungen Pflanzen höchst nachtheilig, indem der Trieb der Säfte zu sehr vertheilet, und an unrechte Orte geleitet wird.

Es entstehen daher unförmliche Bäume, welche weder gerade, noch zu dereinstiger Brauchbarkeit erwachsen. Diese müssen im Monath Julius — weder früher noch später, die doppelten Gipfel an den Nadelhölzern aber — im Winter abgeschnitten werden.

So nachtheilig übrigens das unzeitige und ungeschickte Beschneiden und Verstümmeln ist, so nothwendig werden in diesen Fällen vernünftige und geschickte Operationen seyn.

§. 65.

Vom Beschneiden der jungen Bäume überhaupt.

Die gemeinen Gärtner sind gewohnt, ihre Zöglinge durch Schneiteln und Stutzen zu Krüppeln zu machen, weil sie verkennen, daß die Zweige und Blätter zum Betrieb der Wachsthumsgeschäfte schlechterdings nothwendig sind. Eben dadurch erziehen sie ihre Bäume gleich zu schlank, als daß solche dermaleinst im Stande seyn sollten, ihre Kronen zu unterstützen, dem Winde zu widerstehen, und die drückende Last des Schnees zu ertragen. Eben dadurch erhalten ihre Stämme auch schlechte und wenige Wurzeln: — denn diese wachsen verhältnißmäßig mit den Zweigen.

Da es aber unmöglich ist, dergleichen bei der Baumzucht begangene Fehler im höheren Alter der Bäume zu verbessern, und solche Mängel zu ersetzen: so ist es auch nothwendig, sich mit einer der Vernunft und Erfahrung gemäßen Theorie im voraus gehörig bekannt zu machen.

Die Absichten bei der Baumzucht sind Eingangs gesagtermaßen sehr verschieden, und können auf Holzkultur sowohl durch bloße Aussaat, als auch vermittelst des Verpflanzens, im letztern Falle aber auch sowohl auf schäftige, als auf fruchttragende Bäume gerichtet seyn.

§. 66.

Von Behandlung der großen Waldbäume.

Um schäftige Bäume und gutes Holz zu erziehen, muß der Wachsthum auf keinerlei Art aufgehalten und gehemmet, sondern vielmehr vernünftig erleichtert werden.

Eben deswegen sind an allen solchen Stämmen die Operationen und Künsteleyen schädlich, durch welche die gehörige Ausbreitung und Vervielfältigung der Wurzeln und die Verstärkung des Stammes hintertrieben wird.

Wohlerzogene, mit häufigen Wurzeln, Blätterzweigen und starken kegelhaft zulaufenden Schäften versehene Baumschulstämme werden an dem Orte ihrer Bestimmung sicher anwachsen; sie werden, wenn sie in ihren rechten Boden und in gehöriger, der Absicht angemessenen Entfernung ausgepflanzet worden sind, gar bald mit ihren Zweigen zusammen kommen; diese werden dem Stamme immer mehr Nahrung zuführen, welcher mit seinen Nachbaren gemeinschaftlich— frisch in die Höhe wächst; hierbei werden die untersten Zweige — der freyen Luft und Sonne beraubt, — von selbst im Wachsthume zurück bleiben. Die Stämme reinigen sich ohne gewaltsames und zu frühes Schneiteln, und wachsen folglich zu den ansehnlichsten Bäumen heran, sobald die Lage und Behandlung der solchergestalt ausgepflanzten Holzart angemessen ist. Verstutzte, gekappte Stämme hingegen können nie, weder tüchtige Bäume, noch viel weniger Bauhölzer geben.

§. 67.
Von Behandlung der Fruchtbäume.

Ganz anders verhält es sich bei der Absicht auf Fruchtbäume, welche nicht auf den Wachsthum ins Holz, sondern auf gesunde Beschaffenheit, und öftere, auch sichere und zeitige Befruchtung der Bäume gerichtet seyn kann.

Da, wo der stärkste Trieb ins Holz geht, kann er weder auf Blüthe noch Früchte gehörig wirken; diese treten, nach dem Gange der Natur, alsdann erst ein, wenn der Baum sein mannbares Alter erreicht, und alle diejenigen Stücke und Theile ausgebildet hat, durch welche der Entwurf zur Blüthe, die Entwickelung derselben und die Nahrung und Ausbildungsmittel der Frucht und der Saamen erfolgen sollen.

Da man aber nach diesem natürlichen Gange bei den mehresten Arten hierauf sehr lange würde warten müssen; auch die schönsten Abänderungen welche aus dem Saamen nicht zu vermehren, sondern nur durch vorhin erklärte künstliche Mittel fortzusetzen und zu erhalten sind, einer andern und künstlichen Behandlung bedürfen: so muß man durch solche den Wachsthum ins Holz hemmen, und eben dadurch Blüthe und Frucht befördern.

Der Wachsthum ins Holz wird durch Verstutzung des Gipfels oder des Mittelschusses (überhaupt durch eine reduzirte Menge und Größe der Zweige), so wie durch alle dabei zugleich anzuwendenden Veredelungsmethoden zurück gehalten, worauf die Fruchtbarkeit bald folget.

Es ist indessen aber gewiß, daß auch durch eben solche, der Absicht nach — nöthige Behandlung, ein jeder Baum zärtlicher wird, so daß die gemeinsten Holzarten bei dergleichen Verstümmelungen gegen die Kälte empfindlicher werden, oder doch wenigstens das Leben eines Baumes dadurch verkürzet wird.

Man hat daher solche um so mehr an den fremden Sorten behutsam vorzunehmen, die aus einem etwas wärmern Klima kommen, und an das unsrige gewöhnet werden sollen. Würde es also nicht unsinnig seyn, das Beschneiteln und Stutzen an Bäumen und Sträuchen vorzunehmen, deren Wachsthum befördert, deren Frucht aber — nicht erzwungen werden soll?

§. 68.
Jahreszeiten zum Beschneiden, sowohl der Nadel- als Laubhölzer.

Bei allem **Beschneiden** der mancherlei Bäume kommt sehr viel auf die Jahreszeit an, in wiefern solche den Operationen günstig sey.

Wenn Nadelhölzer mit harzigen Säften in der Saftzeit beschnitten werden, so läuft das Harz aus der Wunde, der Baum erschöpft sich und erkranket; bleibt also auch, wenn er nicht gar absterben sollte, wenigstens doch im natürlichen Wachsthum zurück.

Es ist größtentheils unnöthig, die Nadelholzbäume anders zu beschneiden, als wegen der zuweilen doppelt wachsenden Gipfel bereits §. 64. erwähnet, und dazu der Winter bestimmt worden ist; in welcher Zeit sich der Saft als verdichtes und unflüssiges Harz im Baume befindet. Gegen die Zeit der Verdünnung und des Umtriebes der Säfte ist alsdenn die Wunde verhärtet und gestattet kein Verbluten, — sondern sie kann mit der Zeit verwachsen.

Man bedient sich auch eines andern Vortheiles, die doppelten Gipfel wegzuschaffen, indem man die Mittelknospe des kleinsten — zu aller Jahreszeit abkneipet, wodurch der Wachsthum desselben in die Länge sogleich verhindert wird.

Geschieht das Beschneiden der Laubhölzer im Frühling, so erscheinen im Laufe des Sommers mehr Wasserreiser und Stammloden, als vorher daran befindlich waren, wodurch solche junge Bäume, die zu guten Stämmen erwachsen sollen, gar sehr erschöpft werden.

Um nun von Laubhölzern überflüssige Baumtheile durch den Schnitt hinweg zu schaffen, ist die Mitte des Sommers die bequemste und unschädlichste Zeit.

Der Austrieb ist alsdann bereits vorbei, und es bleibt noch genug Zeit übrig, daß die

Wunde beim Wachsthum in die Dicke (welches gegen und im Herbste vor sich geht) verwachsen und überzogen werden könne.

Der Herbstschnitt verzärtelt die Bäume allzu sehr, als daß solcher in irgend einem Falle bei den Laubhölzern angerathen werden könnte. Die Kälte dringt in die wässerige Wunde, und richtet diejenigen Schäden an, welche in der Folge durch eisklüftig, brandig und kernfaul, auch wohl gar durch plötzliches Erfrieren der Stämme bis an die Wurzel an den Tag kommen. Es ist also ganz falsch, wenn manche aus Vorurtheil oder Unwissenheit behaupten, der Saft trete gegen den Winter in die Wurzel zurück, und der Baum sey zu solcher Zeit leer von Saft. Das Gefrieren der Bäume beweiset das Gegentheil; denn es kann kein Eis ohne Flüssigkeit entstehen. Nur aber ist der mehreste Saft während der Wachsthumszeit verbraucht, der übrige hingegen den Winter über in allen Theilen des Baumes verdickt.

§. 69.

Was entweder ganz oder zum Theil abzuschneiden sey.

Es bleibt beim Beschneiden der sich in der Baumschule zu weit ausbreitenden und allen Wachsthum nach sich hin ziehenden Zweige immer noch die Frage: ob man solche dicht am Stamme oder in Entfernung von demselben abnehmen müsse? Eben dieses findet auch bei den doppelten Gipfeln oder den Gabeln Statt; ich sehe dergleichen Amputationen fast von jedem Gärtner anders — immer aber ohne Grund und Ursachen verschieden verrichten.

Es läßt sich hierüber doch allgemein bestimmen, daß alle **Wasserreiser**, welche eine widernatürliche Absonderung und Ausbreitung der Säfte veranlassen, **ganz dicht** an dem Stamme **im Juli** abgeschnitten werden müssen, damit daselbst keine weitern Schößlinge erscheinen, und die Wunde bald wieder rein und eben verheilen könne, bevor sich bei anhaltender Nässe und schwächerem Wachsthume Fäulniß ansetzen, und dem Stamme schädlich werden könne.

Dahingegen aber hat man sich nach vorher beigebrachter Nothwendigkeit der Zweige und Blätter wohl zu hüten, auf diese Weise mit den überflüssig scheinenden Zweigen zu verfahren.

Deren schleunige Absonderung vom Stamme bewirket sofort eine Stockung der Säfte, welche höchst nachtheilig ist, und das Verhältniß im Zugange und in Fortschaffung der Nahrungsmittel aufhebt. Sollen und müssen die überhangenden Zweige abgeschnitten werden, so muß es nie gleich auf einmal, — bei keinem aber — dicht, sondern wenigstens einer guten **Querhand** weit vom **Stamme** und zwar **im Sommer** nach vollendetem Triebe geschehen. Es werden auf solche Art noch kleine Nebenzweige und Blätter bleiben, welches das Nöthige von außen des Nachts einsaugen, bei Tage aber das Ueberflüssige verdunsten, auch in der Wurzel die erforderliche anziehende Kraft dadurch unterhalten können.

Bei den doppelten oder Gabelgipfeln findet ein künstlicher Handgriff, zu gerader Erziehung des daselbst einen Winkel bildenden Schaftes — an jungen Baumschulstämmen Statt. Sobald der eine Gipfel nicht glatt am Stamm, sondern eine Hand lang abgeschnitten worden ist, so kann das abgestutzte, und dadurch steifer gewordene Ende mit dem bleibenden Gipfel zusammengebogen, und mit Bast verbunden werden, wodurch der Endzweck in kurzer Zeit erreichet ist. Alsdann erst kann man im Juli darauf den Stumpf dicht vom Schafte wegnehmen, und das Ueberwachsen der Wunde erwarten. Eben so werden auch die eingestutzten Zweige nur nach und nach glatt hinweg genommen, und die daher entstehenden Wunden verheilet.

§. 70.

In der Baumschule muß das Ungeziefer vertilget werden.

Wegen der schädlichen **Mäuse, Käfer** und **Raupen** sind in der Baumschule auch diejenigen Vorsichten und Mittel anzuwenden, welche bei der Saamenschule schon ausführlich beschrieben worden sind. Man wird außerdem mit Erstaunen gewahr, daß durch erstere ungemein viel, ja ganze Reihen in der Erde abgefressen werden, welches von den Wassermäusen insbesondere an allen Erbsen-tragenden Bäumen, Maulbeer- und Obstbäumen, auch Eichen- und Pappelnarten geschieht.

Die Käfer und Raupen entblättern die Baumschulstämme, wodurch sie — für dieses und noch ein ganzes folgendes Jahr im Wachsthume aufgehalten werden.

§. 71.

Verschiedene Endzwecke bei Erziehung der Bäume und Sträuche.

Die Baumschule ist der Ort, an welchem die mannichfaltigen Holzarten zu so verschiedenen Absichten erzogen werden sollen. Man wird sich also wohl überzeugen, daß alles dieses nicht auf einerlei Weise gehörig erreichet werden könne.

Unter der Menge Arten will man

1) Von Laubhölzern —
   a. Hochstämmige, schäftige Waldbäume,
   b. Alleebäume,
   c. Frucht- oder Obstbäume,
   d. Schlaghölzer,
   e. Heckensträuche, auch
   f. Blumen- und Erdsträuche für die englischen Gärten erziehen, und

2) Bei den Nadelhölzern können die Absichten bloß
   a. auf hochstämmige Bäume für Wälder und Gärten, und
   b. auf Strauchwerk, für Plantagen immer grüner Bäume und für Gärten — gerichtet seyn.

§. 72.

Von Erziehung der großen Waldbäume.

Bei den hochstämmigen, geraden und schäftigen **Waldbäumen** wird der Wachsthum ins Holz durch alle — bereits bekannt gewordenen Mittel befördert, und alles zurück gehalten, was solchem hinderlich seyn könnte.

Ein jeder Baumschulen-Besitzer hat daher mit sich selbst auszumachen, ob er auf leichte, oder mühsamere und kostbarere Art — dazu gelangen könne: — je nachdem er weniger oder mehr durch Umstände begünstigt ist.

Wer also nicht das Recht hat, seine Wälder der Viehhütung lange zu entziehen, und folglich nicht kleine Stämmchen — entweder gleich aus der Saamenschule, oder bald nach der ersten Versetzung — wenn solche etwas erstarket sind, aus der Baumschule — in den Wald auspflanzen kann; der ist freilich genöthigt, seine Bäume in der Baumschule so weit zu bringen, daß ihre Gipfel dem groben Viehe aus dem Maule gewachsen, sie selbst aber so stark und steif sind, daß sie sich gehörig unterstützen, auch die freye Luft und Sonnenstrahlen ertragen können. Man würde sich aber sehr irren, wenn man glauben wollte, daß alles dadurch schon bewirkt worden wäre, indem man die bisher gegebenen Regeln befolgte, und nur die Bäume länger stehen ließe.

Man erwäge nur, 1) daß zu der nach obigen Umständen erforderlichen Größe und Stärke der Bäume eine weit längere Zeit gehöre, in welcher also die Wurzeln lang und dick auslaufen, und folglich die Stämme nicht ohne große Beschädigung der erstern ausgehoben werden dürften. 2) Daß bei dem ersten engen Stande die Zweige in so langer Zeit dichte zusammen kommen, dadurch aber auch eben wieder diejenigen Fehler an die Baumschulstämme kommen würden, welche man an unversetzten großen Saamenstämmen findet: indem diese — durch den Schatten in Absicht ihrer Rinde so verzärtelt sind, daß sie alsdann die freye Luft und Sonne nicht ertragen können, welcher sie doch nach der Auspflanzung auf leere freye Plätze — allerdings ausgesetzt werden müssen.

Um diesem Uebel vorzubeugen, und gesunde, muntere, hoffnungsvolle Stämme ins Freye auspflanzen zu können, welche jene große Veränderung ohne Schaden ertragen, auch zu hohen und nutzbaren Bäumen erwachsen sollen — ist zuvörderst eine **nochmalige Versetzung in der Baumschule** schlechterdings nothwendig. Die Vernachlässigung dieser Vorsicht giebt häufige Beispiele von mißlungenen, höchst elenden Plantagen; hingegen bringt sie die mehrere Mühe und Kosten gewiß wieder ein. Es ist sicher, daß nicht der hunderte Theil von den in großen Saatanstalten, und nicht der zehnte Theil von den gleich klein, und also dichte ausgepflanzten Stämmchen, zu brauchbaren Bäumen erwachsen können, da einer den andern mit der Zeit im dichtern Stande doch unterdrückt.

Sind nun die jungen Stämme in der Baumschule schon zu einiger Größe und Stärke gebracht worden, so bedarf es nicht eines so dichten Standes, folglich auch lange nicht so vieler Pflanzen, und so großer Kosten; denn das — was sie auf der Stelle werden sollen, sind sie schon in der Baumschule geworden, und fühlen jetzt eben so wenig die mit ihnen vorgehende Veränderung; weil solche nicht plötzlich geschieht, sondern die jungen Bäume mehrmalen schon glücklich versetzet worden sind; bei jeder Versetzung bekommen sie aber mehr Platz; ihre verjüngten Wurzeln neue Erfrischung, und mehrere Seitenwurzeln.

Von der Nothwendigen der abermaligen Versetzung in der Baumschule — aus sichern Gründen, durch häufig darüber angestellte Beobachtungen, Versuche, und aus einer langjährigen glücklichen Erfahrungen überzeugt, — gehe ich mit allen schon etwas groß ins Freie auszupflanzenden Bäumen folgendergestalt zu Werke.

Zu der Zeit nähmlich, wenn sie nach der ersten Einsetzung 3 bis 4 Fuß Höhe erlangt haben, (in welcher sie sonst gewöhnlich ins Freie gepflanzt werden können, wo es nicht gleich um das Ansehn zu thun ist, und wo sie gegen grobe Beschädigungen gesichert sind) lasse ich im Frühling, wenn die mehresten Fröste vorbei sind, mit einem schweren, sehr scharfen, tiefen Grabscheite sowohl in der Linie zwischen den Pflanzen, als mit jeder Linie parallel — sechs Zoll von den Stämmen ab, die Seitenwurzeln gerade abstoßen, sodann auch einen schrägen Stich unter die Mitte der Wurzel führen, übrigens aber das Bäumchen nicht bewegen, sondern unverrückt stehen.

Im folgenden Frühling lasse ich sie weiter als sechs Zoll vom Stamme ab, aufgraben, finde —

daß sie um die Absliche herum sehr viel Saugwurzeln gemacht haben, und versetze sie in der Baumschule, in einer Entfernung, welche ihrer künftigen Größe, die sie auf dieser Stelle erlangen sollen, angemessen seyn kann; d. i. daß sie Platz behalten, sich gehörig zu verstärken, und sowohl in als über der Erde auszubreiten.

Das Aufheben und Wiedereinpflanzen bei dieser Versetzung geschieht nach den Regeln, welche im folgenden Abschnitte über die Auspflanzung angegeben werden sollen.

§. 73.

Von Erziehung der Alleebäume.

Auch zu **Alleebäumen** sind schon ansehnliche Stämme erforderlich, welche ebenfalls einer zweimaligen Versetzung bedürfen.

Da solche aber nicht zusammen gepflanzt werden, und sich also keinen glatten, nackenden Schaft in der Folge selbst machen können, welcher doch zu einem Alleebaum wesentlich gehöret: so müssen sie in der Baumschule mit glatten Schäften und guten Kronen versehen werden.

Dieses zu bewirken, muß man den Stämmen, wenn sie nach der ersten Einsetzung im besten Wuchse sind, die Seitenzweige nach §. 69. einstutzen, solche auch nach und nach glatt wegnehmen; den Gipfel aber nicht beschädigen, dafern er nicht doppelt ist. Nach der zweiten Versetzung, wenn sie völlig wieder angewachsen sind, werden die übrig gelassenen Stümmel bis auf 8 Fuß Höhe dichte am Schafte weggenommen, und nun werden über solcher Höhe die Zweige einer Handbreit eingestutzt, wodurch die Dichtigkeit der Krone gebildet wird.

Ich widerrathe aber das Abwerfen des Gipfels, als eine widernatürliche Handlung, durch welche ein jeder Alleebaum verunstaltet wird. — Nachdem wir endlich Freund Hirschfelden zu Ehren von der widrigten und unnatürlichen Verscheerung der Alleen zurückgekommen sind, darf diese abgeschmackte Verstümmelung nicht mehr Statt finden.

§. 74.

Von Erziehung der Obstbäume überhaupt, besonders aber der hochstämmigen.

Die Obstbäume werden entweder **hochstämmig**, oder **niedrig**, oder als **Spalierbäume** gesucht und erzogen.

Die hochstämmigen Obstbäume werden entweder kurz an der Erde, oder oben in der Krone veredelt. Die natürlichen Arten aber, welche man nicht zu veredeln braucht, behandelt man so, wie vorstehend von den Alleebäumen gelehret worden ist; jedoch mit dem Unterschiede, daß ihnen allerdings die Gipfel abgeworfen werden, um den Wachsthum ins Holz zu hemmen, die Fruchtbarkeit aber zu veranlassen.

Dieß letztere muß mit allen Obstbäumen ohne Ausnahme geschehen.

Die Veredelung kurz über der Erde geschieht bald nach der ersten Einsetzung durch allerlei Pfropfen und Kopuliren, worauf man das

Pfropfreis zum Baum erwachsen läßt, und solchen abwirft, wenn er hoch genug gewachsen, und ihm ein reiner Schaft gebildet worden ist.

Die Veredelung in der Höhe auf den Aesten oder am Stamme selbst geschieht gleichfalls durchs Einimpfen oder Okuliren.

Es werden nähmlich in der Höhe eines jungen wilden Stammes, wo die Krone gebildet worden, die Zweige eingestutzt und veredelt, oder man okuliret junge Bäume am Stamme selbst, wenn sie noch ganz jung sind, und deren Rinde diese Operation folglich gestattet, welche von Leuten ausgeübt werden muß, die solche praktisch gelernt haben.

§. 75.

Von niedrigen Obstbäumen oder Franz-Stämmen.

Die niedrigen oder sogenannten **Franzbäume** werden entweder durch das öftere Einstutzen so sehr verstümmelt, daß ihr Wachsthum zurückgesetzt wird, oder sie werden aus solchen Sorten gezogen, welche an und für sich einen zwerghaften Wuchs behaupten.

Die Absicht wird auf eine schöne runde, inwendig trichterförmige Krone gerichtet; die Stämme müssen daher auch von Jugend auf durch den Schnitt in solche Form gebracht werden.

In Ansehung der Veredelung gilt alles dasjenige, was bei den hochstämmigen Obstbäumen gelehret worden ist. Besonders ist auch auf die

Sorten

Sorten Rücksicht zu nehmen, daß solche gewählet werden, die der Absicht gehörig entsprechen können.

§. 76.

Von Spalierbäumen.

Die Spalierbäume werden entweder in der Jugend an ihre Bestimmungsörter gesetzt, und an den Wänden selbst breit gezogen; oder in den Baumschulen in solche Gestalt gebracht; alsdann aber, größer und bald tragbar, an die Wände gepflanzt.

In beiden Fällen kommt es auf das geschickte Hinwegnehmen der Gipfel, auch derjenigen Aeste und Zweige an, welche einander gegen über stehen.

Damit aber auch dergleichen Bäume die Wand ganz eben bedecken können, so werden die Zweige von Jugend auf — an Latten angebunden und dahin gelenket, daß jeder — einfach, und für sich frey anliege.

§. 77.

Vom Schlagholze überhaupt.

Es tritt bei der Forstökonomie öfters der Fall ein, daß man von einer Laubholzart

1) entweder Kopfstämme, oder

2) Stammschlaghölzer anlegen möchte.

Beides wird durch die Pflanzung am geschwindesten und sichersten erreichet; zumal wenn es von solchen Arten ist, deren Saamen nicht in so großer Menge zu bekommen, oder zu theuer sind, um zu diesem Behufe eine große Saatanstalt auf der Stelle machen zu können.

Es sind sodann Baumschulen erforderlich, um die, außer den Weidenarten, im Kleinen ausgesäeten, oder als Stecklinge — erzeugten Pflanzen, in solcher zu erziehen, und große Strecken damit zu besetzen.

§. 78.

Von Kopfstämmen insbesondere.

Wo der Viehhütung kein Abbruch geschehen darf, sind die Kopfstämme der vorzügliche und fast einzige Behelf beim Brennholzmangel. Auch auf Viehweiden oder Angern selbst — findet dergleichen Kopfholzwirthschaft mit unbeschreiblichem Vortheile Statt.

Die Laubbäume werden dazu in den Baumschulen durch zweimalige Versetzung, wie die §. 72. abgehandelten hochschäftigen Waldbäume erzogen.

Wenn solche an dem Bestimmungsorte etwas weitläufig ausgepflanzet worden, (um den Graswuchs nicht zu unterdrücken) auch erst wegen der Beschädigung und dem Reiben des Viehes mit Pfählen und Dornen versehen worden, — nach ein paar Jahren völlig angewachsen und nun im Zuge sind: so werden sie, bis auf sieben Fuß lang, mit scharfen Werkzeugen im März geköpfet oder abgeworfen. Es erfolget hierauf häufiger Ausschlag, welcher von unten herauf bis auf die obersten Loden von Zeit zu Zeit abgebrochen wird; in dem obersten Ende aber bleiben sie stehen und erwachsen zu Stangen, welche alle — 6, 10, 14 Jahr — wie die Weiden abgeworfen werden, und gutes Feuerholz, auch vieles Zaun- und manches kleine brauchbare Nutzholz geben. Die Anzahl Bäume wird in so viele Schläge getheilt, und jährlich ein solcher abgeworfen. Mit jedem Umtrieb vermehret sich die Ausbeute, bis die Stämme entkräftet sind, hohl werden, und endlich in einem ziemlich hohen Alter ganz eingehen.

Um aber diese Benutzung für die Folge eisern zu machen: so werden die Stämme anfänglich weitläufig gepflanzt, und man schaltet von Zeit zu Zeit neue junge Bäume ein; so wie man auch die absterbenden — abhauen, ausrotten, und alsdann durch neue ersetzen muß.

Man kann diese so simple als vortheilhafte Methode, dem eingerissenen Brennholzmangel bald abzuhelfen, an dazu schicklichen Orten, nicht genug empfehlen; um so mehr, da sie größtentheils — ganz unter die vernachlässigten Mittel gegen den Holzmangel gehört.

Die vorzüglichsten **Laubholzarten**, welche sich hierzu, außer den Weiden und Pappeln, am besten schicken, sind: **Ahorn, Lennen, Ellern, Hornbaum, süße Kastanien, Eschen, Platanus, Vogelkirschen, Eichen, Acacien**, der **Vogelbeerbaum**, die **Linden** und **Ulmen**.

Alle diese Arten schlagen besonders gut und rasch wieder aus; verlangen aber sämmtlich in solcher Absicht einen gemäßigt frischen, reichen Boden, und, wie alle Schlaghölzer, ein mildes Klima.

§. 79.
Vom Stammschlagholze überhaupt.

Um Stammschlaghölzer anlegen und benutzen zu können, muß man befugt seyn, oder rathsam finden, die Hälfte, zum wenigsten ein Drittel des ganzen Gehölzes im Zuschlage zu erhalten und dem Viehe zu entziehen, weil die ausschlagenden Stammloden dergleichen Verschonung verschiedene Jahre erfordern, wenn nicht alles verlohren gehen soll.

Bei solchen Umständen und in dieser Absicht wäre es also thöricht, wenn man mit den jungen Pflanzen eine langwierige und kostbare Erziehung in der Baumschule fortsetzen wollte, um dann endlich doch die Stämme — bis auf die Erde abzuhauen.

Es ist also hinlänglich, entweder einen solchen Ort zu besäen, oder die jungen Bäume nach einmaliger Versetzung in die Baumschule — mit guten Wurzeln an den Ort ihrer Bestimmung zu pflanzen. Es kann dieses im dritten und vierten Jahre nach der Versetzung geschehen, und die Stämme werden höchstens nur sechs Fuß aus einander gesetzt. Im dritten Frühlinge, nach der Auspflanzung und völligen Instandsetzung, werden vor dem Ausbruche der Knospen, alle jungen, munter daher wachsenden Bäume und Sträuche — dicht über der Erde abgehauen; da sie dann häufige Stamm- und Wurzelloden treiben, welche nach vorhabender verschiedenen Absicht von 15 zu 40 Jahre alt genutzet, hiernach also verschieden planimetrisch eingetheilet und wechselsweise abgetrieben werden.

Es schicken sich hierzu alle Laubhölzer — sowohl Bäume als Sträuche. Nur darf man leztere nicht zu alt werden lassen, weil ihre Stöcke absterben würden. Die Buschhölzer werden daher mit 15 — 18 Jahren, auch nach Beschaffenheit des Bodens noch früher abgetrieben. Wer nun vermittelst der Baumschulen auf seinen Gütern, wo das Holz fehlt, dergleichen Häue oder Schläge auf ledigen unbenutzten Strecken anpflanzet, der verbessert solche sehr ansehnlich, auf eine leichte und wohlfeile Art.

§. 80.

Von lebendigen Hecken überhaupt.

Wer **lebendige Hecken** anlegen will, muß mit solchen Stämmen versehen seyn, die sich zur Absicht schicken, und dazu gehörig erzogen sind. Man erlanget dieses durch die Baumschulanstalten am sichersten und auf die beste Art; denn alle in den Wäldern ausgerissene oder gerodete Stämme und Dornen haben zu schlechte Wurzeln, sind auch öfters schon verbuttet; und wenn sie auch klein sind, doch zu alt und schlecht zum Verpflanzen. Daher folgt das langsame Erwachsen der Hecken, die öfters nöthigen Ausbesserungen derselben und ihr baldiges Absterben.

Ich theile sie überhaupt:

1) in **hohe Gartenhecken**, oder **Wände**, und **Brusthecken** an Gängen, sowohl zur Zierde, als zu Einfassungen, und zum Schutz der Gar-

tenfrüchte wider die heftigen Winde und Fröste. Sie werden immer unter der Scheere gehalten, sehen wie gehobelt aus, sind auch wohl durch öfters dazwischen angebrachte afterkünstlerische Figuren noch mehr verunstaltet, und dem — mit reinem Gartengeschmack begabten Beobachter zum Eckel. Ferner

2) in **lebendige Zäune**, zur Befriedigung landwirthschaftlicher Grundstücke. Diese sind höchst wichtig; — größtentheils aber unrecht verfertigt, und schlecht unterhalten worden.

§. 81.

Von hohen Gartenwänden und Brusthecken insbesondere.

Die **hohen Gartenwände** findet man noch sehr häufig — selbst in den Gärten der Großen; es gehört also zum Ganzen, ihre zweckmäßige Erziehung und Behandlung zu verstehen.

Die **Holzarten**, welche sich zu dergleichen hohen Wänden am besten schicken, — indem sie den Schnitt wohl vertragen, dicht erwachsen, keine Wurzelbrut in die Gänge ausbreiten, auch lange belaubt bleiben sollen, sind — **im nassen Boden**: die **Eller**; **im Mittelboden**, — der **Hornbaum**, **Roth**- oder **Mastbuche** und **Eiche**; **auf trocknem Boden** aber die **Fichte** oder **Rothtanne** (Pinus Abies L.); der **Sauer-Kirschbaum**, die **Acacie**; und **in allerlei Boden**: — **Linden** und **Ulmen**.

Zu Brusthecken werden genommen: der Maßholder, die Berberis, die Hartriegelarten; der große Nordamerikanische Weißdorn (Crataegus coccinea L.), die Stechpalme, Liguster, Heckenkirsche, der weiße Maulbeerbaum, wilde Jasmin, die Virginische Traubenkirsche; Quitten, der gemeine Kreuzdorn, Siberische Erbsenbaum; Johannis- und Stachelbeersträuche, Rosenarten, Weidenbuscharten; die große Virginische Spierstaude, und der Taxus.

Wenn alle dergleichen Arten aus dem Saamen oder aus Stecklingen erzeuget, sodann aber 2 Fuß aus einander in die Baumschule zur Erziehung eingesetzt sind: so werden die aus den Stämmen entspringenden Zweige an den Laubholz-Arten im Frühling, den Nadelhölzern aber im Winter bis auf zwei Zoll eingestutzt.

Aus diesen Stumpfen werden eine Menge Reiser austreiben, welche nach Vollendung des Triebes mit der Gartenscheere — kurz verschnitten werden müssen; der Gipfel aber bleibt noch ungekränkt.

Im folgenden Jahre werden viel mehrere Reiser hervor brechen; diese werden sodann nur von zwei entgegengesetzten Seiten wieder mit der Scheere scharf beschlagen; in den Linien aber nur so weit eingestutzt, daß sie nicht in einander hängen.

Wenn die Stämme die gehörige und verlangte Höhe erreicht haben, werden die Gipfel von den Laubholz-Heckenstämmen im Frühling, von den Nadelhölzern aber im Winter mit der Scheere abgeworfen; und erstere im Sommer, letztere aber im Winter geschoren.

Sie sind sodann zur Absicht geschickt, und können im nächsten Herbste oder Frühling an den Ort ihrer Bestimmung ausgepflanzet werden; da sie denn sicher fortgehen und sehr bald dicht wachsen; daher auch viel weniger Stämme als gewöhnlich zu einer Hecke erforderlich sind.

§. 82.

Von lebendigen Zäunen.

Die lebendigen Zäune oder Befriedigungs-Hecken werden in den mehrsten Gegenden noch sehr schlecht und unvollkommen erzogen und gewartet, so, daß gewöhnlich gar nichts daraus wird; also immer wieder zu holzfressenden todten Zäunen, (die eine Pest der Forsten sind) — Zuflucht genommen werden muß.

Man schreibt es alsdann bloß dem schlechten Boden zu, wenn sie nicht fortgehen, und man sieht nicht ein, daß die vernachlässigte Erziehung, ungeschickte Anlage und Behandlung der Hecken; insbesondere aber — die Wahl der Holzarten und des Bodens Schuld habe.

Es können unstreitig auf jedem Grundstücke (welches einer Verzäunung werth ist) lebendige Zäune glücklich fortgebracht werden, denn man kann auf der Zaunlinie den Boden nach Gefallen ändern und verbessern, auch eine schickliche Holzart wählen.

Nichts ist aber thörigter, als wenn man alte, schlechte Weißdornstämme, welche im natürlichen Zustande immer in gutem Boden gefunden werden, in den Wäldern, im Schatten, unter dem Querholze ausgräbt, und in fliegende, brennende Sandschollen in die freie Luft und Sonne zu Hecken setzt; oder, wenn man in die oft überschwemmten Niederungen lebendige Zäune pflanzet. Alles Dinge, welche mir auf meinen Reisen — sehr öfters vorkommen.

In allen ökonomischen Werken ist schon so viel über lebendige Zäune geschrieben worden, daß man äußerlich glauben sollte, die Materie wäre erschöpft. Nichts desto weniger — gestehe ich aufrichtig: daß, ob ich zwar alles darüber gelesen habe, was sowohl in Büchern, als durch besondere deutsche und fremde Verordnungen desfalls — (vielleicht öfters ohne Erfahrung) gesagt worden ist, mir noch lange nicht hinreiche, um unter allerlei Umständen darnach glücklich zu Werke gehen zu können. Nur die allergenaueste Kenntniß sehr vieler Holzarten, die Erfahrung in deren mannichfaltiger Erziehung, und viele unglückliche und glückliche Versuche, welche doch immer nach einer reinen Theorie in mancherlei Boden mit Anlegung der so wichtigen lebendigen Zäune angestellt worden sind, — veranlassen bei mir ein Mißtrauen, in alle darüber vorhandene Anleitungen. Ich habe mir über diesen, der Aufmerksamkeit der Oekonomie so würdigen Gegenstand — folgende Regeln gegeben, welche ich, ohne mich bei den von andern begangenen Fehlern aufzuhalten — vorlegen, und der kunstmäßigen Kritik und Prüfung unterwerfen will.

§. 83.
Vorsichten bei lebendigen Zäunen.

Die Zäune sollen die Gärten, Wiesen und Felder wider alle zudringenden Beschädigungen schützen und verwahren. Sie müssen also dergestalt verfertigt seyn, daß jene Absicht dabei erreicht werden könne.

Soll es, zur großen, so nöthigen Holzersparung, durch Anlegung lebendiger Hecken geschehen: so müssen

1) solche Holzarten dazu gewählt werden, welche sich, nach ihrem Wuchse und ihrer Dauer (gewaltthätiger Behandlung ungeachtet), dazu schicken;

2) die Stämme der vorhabenden Absicht gemäß erzogen werden.

3) Sind deren Eigenschaften in mancherlei Boden zu erwägen; folglich — müssen die schicklichsten Holzarten auf den vorhandenen Boden gebracht werden.

4) Kommt es nach obigen Umständen auf die Zubereitung der Heckenlinie;

5) auf die Anlage nach verschiedenen Methoden, in Absicht
   a. der verschiedenen Bepflanzung der Heckenlinie, auch dabei anzuwendenden Handgriffe und Vortheile;

b. der einstweiligen Befriedigung, und
c. Instandsetzung der lebendigen Hecke; endlich —

6) auf die Unterhaltung des gehörig angelegten Zaunes an.

Sowohl die Erziehung als Anlage und Unterhaltung desselben, haben sehr vieles mit dem Baumschulwesen gemein; es soll also auch hier der Uebersicht wegen beisammen vorgetragen, und nichts davon auf den folgenden Abschnitt verspart werden.

§. 84.
Gerühmte Holzarten, welche sich bei uns nicht zu lebendigen Zäunen schicken.

Man ist sehr oft durch fremde Schriftsteller verleitet worden, zur Anlegung lebendiger Hecken solche Holzarten zu wählen, welche als zu zärtlich, zwar unter einem wärmern, nicht aber unter unserm Klima mit Fortgang dazu angewendet werden können; insbesondere und um so mehr, weil sie durch das nöthige Beschneiden noch mehr empfindlich werden. Unter jene hochbelobten, für uns aber unbrauchbaren Heckenstämme gehören:

1) *Bupleurum* fruticosum; Hasenohr.
2) *Gleditsia* triacanthos; Gleditschia.
3) *Phillyrea*, Steinlinden — verschiedene Arten.
4) Die immer grünen Eichen.
5) *Rhamnus* Paliurus (*Ziziphus* Paliurus Willd.) der Christdorn.

6) *Ulex* europaeus L. vulgo Genista spinosa. Stachlichter Genster.

Bei deren Kultur im Großen — wird man in Deutschland und unter ähnlichem Klima getäuscht.

Viele andere dauerhafte Holzarten hingegen schicken sich auch eben so wenig zu Zäunen; da sie entweder zu sperr- und flatterhaft wachsen, oder nicht befriedigen.

§. 85.

Holzarten, welche sich am besten zu lebendigen Zäunen schicken.

Es giebt mancherlei Holzarten, die sich zu lebendigen Zäunen nach allerlei Umständen für uns schicken. Man hat deren sowohl für trocknen als gemäßigten, wie auch für feuchten Boden: sowohl in sandige als lehmige Gegenden.

Ich habe sie nach geprüften Beobachtungen, Versuchen und Erfahrungen zu dieser Absicht geordnet, und zwar:

I. Auf trocknen Boden.

a) In Sand mit Dammerde:

1. *Berberis* vulgaris L. Der Berberitzenstrauch. Sauerdorn.
2. *Crataegus* coccinea. Nordamerikanischer großer Weißdorn.
3. *Lycium*, Bocksdorn.

4. *Mespilus* cuneifolia (Ehrhart), (*Crataegus* punctata Willd.) Nordamerikanischer punctirter Weißdorn.
5. *Prunus* domestica. Bauer-Pflaume; Zwetsche.
6. *Robinia* Pseudo-Acacia. Virginischer Schotendorn; Acacie.
7. *Ulmus* campestris. Die glatte Rüster.

b) In Lehm mit Dammerde:

1. *Crataegus* alpina. Der schmahlblättrige Mehlbaum; und —
2. *Crataegus* lucida (*Crataeg*. Crus galli Willd.) Der Nordamerikanische glänzende Weißdorn.

Desgleichen gehen auch alle obigen sieben Sorten in diesen Erdarten gut fort.

II. Auf gemäßigtem frischen Boden.

a) In Sand mit Dammerde.

Alle obigen Sorten der ersten Klasse treiben hier zu stark; hingegen sind der Absicht angemessen:

1. *Carpinus*; Hornbaum oder Haynbuche; die einheimischen und alle fremden Arten.
2. *Cornus* Amomum (*Cornus* sericea Willd.). Der Nordamerikanische blaubeerige Hartriegel.
3. *Ligustrum* vulgare. Der gemeine Liguster.
4. *Pyrus* communis. Holzbirn; Knötel; u.
5. *Pyrus* Malus communis. Der Holzapfel. Höllken.

b) In Lehm mit Dammerde:

1. *Acer* campestre. Der kleine deutsche Ahorn. Maßholder. Weißneiper. Eßdorn.
2. *Cornus* mascula. Die Korneelkirsche.
3. *Cornus* sanguinea. Der gemeine Hartriegel. Härtern.
4. *Crataegus* Oxyacantha. Der gemeine Weißdorn und
5. *Prunus* spinosa. Der Schleedorn. Schwarzdorn.

Auch die obigen fünf Arten gehen hier fort.

III. Auf feuchtem Boden:

a) In Sand mit Dammerde:

1. *Hippophaë* rhamnoides. Der Meerkreutzdorn.
2. *Rhamnus* catharticus. Gemeiner Kreutzdorn.
3. *Salix* vitellina. Die gelbe Bandweide; und
4. *Salix* purpurea. Die rothe Bandweide.

b) In Lehm mit Dammerde:

1. *Ilex* Aquifolium. Hülsen. Stechpalmen; (jedoch in sehr beschützter Lage und höchstens bis zum 53sten Grad nördlicher Breite, in westlichen Gegenden und im Schatten.)
2. *Mespilus* germanica. Die gemeine Mispel. Ebenfalls gedeihen auch hier die obigen Sorten dieser Klasse.
3. *Pyrus* Cydonia. Quitten.

Wenn man nun nach Beschaffenheit der Lage und des Bodens des Grundstückes, welches verzäunet werden soll seiner Wahl hiernach die Richtung giebt: so wird man unter Befolgung der übrigen Regeln gewiß sicher zu Werke gehen.

§. 86.
Alle Heckenstämme müssen in Baumschulen erzogen werden.

Von allen anzuwendenden Holzarten müssen die Heckenstämme entweder —

a) Aus Saamen,

b) Ablegern, oder

c) Stecklingen,

erzeuget, und in der ersten Jugend — Baumschulmäßig behandelt werden, um ihnen gute Wurzeln, folglich guten Fortgang in der Hecke — und die nöthige Dauer zu verschaffen.

Zu dem Ende werden die auf eine der obigen drei Arten erzeugten Stämmchen in Baumschulreihen gewartet, bis sie die Stärke eines kleinen Fingers erreicht haben, und wohl bewurzelt sind. Auf die Höhe kommt es hingegen hierbei nicht an.

§. 87.
Vorsichten bei Erziehung der Heckenstämme.

Man handelt sehr recht, wenn man gleich von Jugend an in der Baumschule auf die Lage und den Boden sieht, auf welchen die Hecke angeleget werden soll; man geht wenigstens doch am sichersten, — wenn der Boden in der Baumschule nie feuchter und nie fetter — als derjenige ist, wohin die Hecke kommen soll; eine allgemeine, wichtige Regel bei der Baumzucht überhaupt!

So wenig das dermaleinstige Verbutten und Erkranken gewünschet werden kann; so wenig ist es rathsam, wenn die Hecken zu geil, oder zu frech einher wachsen.

Eben deswegen ist aber §. 86. auf die Wirkungen der Lage — und der Erdarten auf die verschiedenen Holzsorten Rücksicht genommen worden. Zum Beispiel würde die Acacie auf feuchtem Boden im Lehm mit Dammerde — ganz baummäßig erwachsen, und der Stamm innerhalb 15 Jahren die Diametralstärke von 15 Zoll erlangen; zu der vorhabenden Absicht also nichts taugen, so gut sie derselben auf trockenem Boden, im Sande mit Dammerde entspricht. Der Maßholder und gemeine Weißdorn hingegen würden auf trockenen Anhöhen (im Sande) ganz zurück bleiben, verbutten, und bald ganz vergehen. Eben wegen des verschiedenen Wuchses schicken sich nicht mehrere Holzarten unter einander, — sondern **jeder Strich einer Hecke — muß aus einerlei Sorte bestehen.**

§. 88.

Vorsichten bei der Anlage eines lebendigen Zaunes.

Die erforderlichen **Erdarten** sind entweder auf der Stelle, wo die Hecke angelegt werden soll, gehörig vorhanden, oder sie werden dahin gebracht, und nach der gegebenen Theorie gemischet.

Ist

Ist der Boden für die vorhabende Holzart zu feucht, so wird neben der Linie, wo die Hecke hinkommen soll — ein drei Fuß breiter, anderthalb Fuß tiefer Graben gezogen; der Auswurf in die Linie gebracht, der Boden dadurch erhöhet, und die Pflanzung wird auf dem Walle, wenn er bis auf zwei Fuß breit fest zusammengebracht worden, veranstaltet. Ist der Boden hingegen trocken, so wird ebenfalls ein solcher Graben, aber in der Linie selbst gezogen, an welchem der Auswurf auswärts gebracht, in selbigem aber nur die Hälfte mit der Mischung der angemessenen Erdarten fest ausgefüllet wird, und dann muß die Pflanzung im Graben selbst geschehen.

Sind Lage und Erdarten aber angemessen, so wird die Heckenlinie nur drei Fuß breit, und einen guten Fuß tief umgegraben und mürbe gemacht.

§. 89.

Jahreszeiten zum Anlegen lebendiger Zäune.

Die rechte Jahreszeit Hecken zu pflanzen, ist nach den Umständen verschieden, und richtet sich (wie schon oben beigebracht worden ist) insgemein nach dem Boden, — ob solcher trocken, gemäßigt oder feucht sey.

Im ersten wird der Herbst, im andern dieser so wie der Frühling, und im dritten der Frühling insbesondere den besten Erfolg versprechen.

Einige Holzarten verlangen indessen Ausnahmen von der Regel, und es ist wichtig, solche anzuzeigen.

I. Auf trockenem Boden.

wo nach der Regel im Herbste gepflanzet werden sollte, verlangen die Frühlingspflanzung:

Robinia Pseudo-Acacia L. der Virginische Schotendorn, weil die Erfahrung lehret, daß die im Herbst gepflanzten Stämme dieser Art im Winter gern absterben.

II. Auf gemäßigtem Boden,

wo nach der Regel jede Zeit, sowohl der Herbst als Frühling gleich gut ist, verlangen schlechterdings

a) die Herbstpflanzung —

Cornus mascula, die Korneelkirsche, welche schon im Februar blühet, deren Säfte folglich schon in Bewegung kommen; während solcher aber das Pflanzen gefährlich ist.

b) die Frühlingsverpflanzung:

Ligustrum vulgare. Liguster, welcher gern erfrieret, wenn er im Herbste versetzet wird.

§. 90.

Anweisung zur Pflanzung lebend. Zäune.

Die Heckenstämme werden nach Beschaffenheit der Holzsorten auf verschiedene Art ausgepflanzet. Allezeit aber — müssen sie mit vielen tüchtigen Wurzeln versehen seyn.

Das Einstecken der Zweige von Holzarten, welche durch Stecklinge vermehrt werden können, ist zwar die leichteste und geschwindeste Anlage, es taugt aber nichts. Die Stecklinge müssen wie die

Saamenpflanzen und Ableger vorher in der Baumschule gehörig gewartet und bewurzelt, folglich in wirkliche Pflanzen verwandelt seyn.

Wenn man mit dergleichen versehen und die Pflanzlinie nach §. 98. auf eine oder andere Art zubereitet ist, so zieht man in deren Mitte die Gartenschnur gerade aus, und verfertiget einen schmalen, flachen Pflanzgraben, wie bei Besetzung der Baumschule §. 52. gezeigt worden ist.

In diesen Graben werden die jungen Stämme neun Zoll aus einander nach §. 53. 54. 55. eingesetzt und befestigt. Man zieht sodann von dieser Linie neun Zoll ab einen parallelen Graben, welcher eben wieder so behandelt wird. Nur müssen die Pflanzen den in der ersten Reihe befindlichen nicht gegen über, sondern immer dazwischen gesetzt werden, welches die Dichtigkeit der Hecke befördert, zugleich auch den Wurzeln im Verbande . . . . . . Platz giebt.

§. 91.

Die neue Hecke muß anfänglich befriedigt werden.

Während der Zeit, daß die Pflanzung der Hecke geschieht, muß man zur Befriedigung derselben, und des zu verhägenden Grundstückes Anstalt machen, weil die Hecke in den ersten Jahren sich nicht selbst, geschweige den Platz beschützen kann.

Es sey nun welche Art der todten leichtesten Verzäunungen nach den Lokalumständen möglich ist, so muß doch dergleichen außerhalb der letzten Pflanzenreihe in einiger Entfernung dergalt angebracht werden, daß kein Vieh die jungen Pflanzen erreichen, noch in den Garten selbst kommen könne. Nur alsdann ist die Anlage fertig, und es folgt hierauf die gehörige Wartung und Unterhaltung.

§. 92.
Wartung des lebendigen Zaunes.

Den ersten Sommer über wird die Pflanzung fleißig vom Unkraute gereiniget, im Nothfall begossen, und man läßt die jungen Stämme ungekränkt gehörig anwachsen. Der eine oder andere etwa ausgegangene, wegzuwerfende Stamm wird in der nächsten Pflanzzeit sogleich ergänzet. Im folgenden Jahre nach der Pflanzung, wenn sie nähmlich einen Sommer über gewachsen sind, werden alle Stämme ohne Ausnahme im Monat März — ganz dicht über der Erde mit scharfen Werkzeugen schräg abgeworfen. Es erfolgen hierauf im Sommer eine Menge Stamm- und Wurzelloden, welche im Monath August an beiden Seiten der Hecke mit der Scheere so scharf beschlagen werden, daß die Hecke vor der Hand nur einen Fuß dick bleibt. Im Anfange des folgenden Frühlings wird die Höhe bis auf einen Fuß mit der Scheere reducirt; die scharfen Ecken aber werden von unten nach oben beschlagen, so, daß ein stumpfer Rücken gebildet werde, in welcher Form die Hecke beständig erhalten werden muß. Sie werden sonst lichte, gehen bald aus, und unterdrücken sich selbst, wenn der

Obertheil so dick als der Untertheil, oder wohl gar noch breiter gezogen würde.

Die abermals im Sommer austreibenden Reiser werden wieder im Frühlinge mit der Scheere schräg beschlagen, wobei immer etwas an der Höhe und Stärke der Hecke zugelassen wird.

Sie wird solchergestalt undurchdringlich werden, und in kurzer Zeit zu der verlangten Höhe kommen. Es ist eine Hauptsache, die Triebe der ersten Jahre recht kurz zu halten, und die Höhe nicht zu übereilen; die Dichtigkeit und Dauer der Hecke hängt besonders davon ab.

§. 93.

Unterhaltung und Benutzung des lebendigen Zaunes.

Es versteht sich von selbst, daß in den ersten Jahren alles ausgebessert werden müsse, was eine Lücke geben könnte; auch darf das **Verscheeren** in der Folge allemal **im Juli** nicht unterlassen werden.

Sobald die Hecke dichte, stark und hoch genung geworden, den nöthigen Schutz geben zu können, so wird die todte Verzäunung hinweg genommen, wobei man darauf zu sehen hat, daß kein Pfahl in der Erde stehen bleibe und verfaulen könne, welches den wachsenden Stämmen sehr nachtheilig seyn würde, weil dadurch die Wurzeln derselben von der Fäulniß angesteckt, und die Stämme brandig werden.

Wenn sich nun bei den alten lebendigen Zäunen unten über der Erde Lücken einfinden sollten, (wie doch bei den auf solche Art angelegten und unterhaltenen Hecken nicht leicht geschieht) so würden die Hasen und zahmen Hüner den freien Eingang in den Garten haben.

Man pflanzet daher an solchen Stellen allerhand Stachelbeer-Sträuche ganz enge, wodurch die Lücken gefüllet werden.

Es ist aber nicht rathsam, einen lebendigen Zaun — länger als 35 Jahr stehen zu lassen; weil die Wurzelstöcke absterben würden, und eine ganz neue Hecke würde gepflanzet werden müsse. Man thut daher wohl, solche alte Hecken im Frühlinge dicht über der Erde mit scharfen Beilen abzuwerfen.

Die Wurzelstöcke werden dadurch gar sehr erfrischt, treiben häufige Loden, welche durch die Scheere eben wieder so, wie eine neue Hecke behandelt, dadurch auch wirklich zu einer solchen erzogen werden.

Die Benutzung des Holzes hiervon dürfte vielleicht an manchen Orten nicht so unbedeutend seyn, als sie es in holzreichen Gegenden unstreitig ist.

Ich wünsche, daß mein auf diesen ökonomischen Gegenstand verwendeter Fleiß viele Nachahmung und Versuche nach dieser Art, folglich auch recht wahren Nutzen bewirken, wenigstens so manche herrschende Vorurtheile zerstreuen und aufklären möge *).

*) Schon jetzt habe ich die Freude, eine sehr lange, vortreffliche Weißdornhecke nach dieser Vorschrift auf dem Gute der Frau von Humboldt bei der Tegelschen Mühle zu sehen. Anmerk. z. 2. Auflage.

§. 94.
Die Stämme zu Lustgebüschen (Bosquets) müssen in Baumschulen erzogen werden.

Nächst allen obigen Absichten bei dem Baumschulwesen kommt auch diese hinzu: daß man vermittelst derselben für sich, oder zum Verkauf, eine Menge solcher Bäume und Sträuche erzieht, welche wegen Schönheit und seltenen Ansehens — zur Zierde der Lustgebüsche und Gärten dienen; folglich die Mannichfaltigkeit und Abwechselungen in denselben auf eine angenehme und geschmackvolle Art bewirken. Dergleichen werden noch immer theuer genug bezahlt, ohne daß eben alle solche Holzarten bereits von allgemein erkanntem ökonomischen Nutzen seyn sollten. Die Natur bringt indessen gewiß nichts umsonst hervor; es liegt nur an uns, an unsern eingeschränkten Kenntnissen, daß wir nicht verstehen, jedes Produkt — für uns zum Nutzen anzuwenden.

Die Vervielfältigung der Gewächse und die Naturalisirung — der fremden Arten, ist jedem Staate äußerst wichtig, und gereicht denjenigen unstreitig zum Verdienste, welche sich mit der Kultur und Beobachtung der Pflanzen, mit Versuchen mannichfaltiger Art, — mit Ueberlegung und Kenntniß beschäftigen! Diese gelangen dadurch zu so manchen Erfahrungen und Erscheinungen, wodurch entweder sogleich — oder doch gewiß in der Folge — dem weniger denkenden Mitbürger mehrerlei Nahrung, Kleidung und andere Bequemlichkeiten auf leichtere und wohlfeilere, auch dem Finanzwesen des Staates angemessenere Art im Lande erzeugt, und die Produktionen desselben dadurch vervielfältiget werden. Der Tadel dieser Beschäftigungen, und die denselben in den Weg gelegten Hindernisse, sind offenbare Beweise des Unverstandes, des Neides, der Trägheit, und des wenigen Antheiles, welchen dergleichen Menschen an der innern Bereicherung des Landes nehmen.

Was hätten wir in Deutschland jetzt für Lebens- und Bedeckungsmittel, wenn die Industrie, — bei Güte oder Einfalt entfernter Länder uns nicht in den Besitz so mancher — sonst nur ihnen eigenen Produkte hätten gelangen lassen; — wir würden noch sicher unsern Hunger mit Eicheln stillen, und unsere Blöße mit rohen Fellen bedecken.

§. 95.

Aufmunterung zu näherer Kenntniß der fremden Bäume und Sträuche.

Der herrschende Geschmack an englischen Gärten zeugt nicht allein von der Verfeinerung und Aufklärung der übrigen Nationen, sondern auch von dem Antheil, welchen wir an den Schönheiten der wohlthätigen Natur nehmen lernen. In dieser Absicht gereichet uns das vortreffliche Werk: die **Theorie der schönen Gartenkunst von Hirschfeld,** — welches in mehrere Sprachen übersetzt wird — gewiß zur Ehre.

Möchten wir aber auch nicht allein hierbei stehen bleiben, sondern uns zugleich bemühen, das Angenehme, das Schöne mit dem Nützlichen zu verbinden; bei dieser Gelegenheit uns spielend näher mit den fremden Gewächsen bekannt zu machen; die Eigenschaften, den Wuchs, die Dauer und den Nutzen so mannichfaltiger Arten auszuspähen, mit deren bloßem Besitz und öfters falschen Namen die mehresten zufrieden sind.

Unter den Deutschen verdienen zuerst ein Münchhausen und du Roi den gebührenden Dank der Nachwelt, daß sie durch Versuche und Beobachtungen in diesem Fache die Bahn brachen; uns zu so manchen Erkenntnissen verhalfen, auf die wir weiter fortbauen. Wir lernten dadurch sehr viele Holzarten kennen, welche in Deutschland vollkommen gedeihen; wir lernten aber auch zugleich, daß es nicht möglich sey, Sprünge zu thun, und die Pflanzen aller wärmern Länder bei uns im Freien zu erziehen.

Solche Versuche erweckten bei dem nachdenkenden Theile der Liebhaber das gerechte Mißtrauen gegen die Verzeichnisse der Handelsgärtner. Andere setzten die Versuche fort, und fanden durch Vortheile, — daß manche fremde Holzarten bei uns im Freien wohl ausdauern, die vorher in den Gewächshäusern gezogen und erhalten worden waren.

Für den wärmern Theil von Deutschland hat hierin Hr. R. R. Medikus in Manheim gewiß viel geleistet, und jener Theil Deutschlands darf sich von seinen Bemühungen noch viel angenehme Fortschritte versprechen. Es ist aber auch nur unter den Händen solcher Männer thunlich — zärtliche Gewächse zu neutralisiren, wozu die Anstalten — große Kenntniß, wahren philosophischen Geist, und rastlose Thätigkeit erfordern. In den Händen gewöhnlicher Liebhaber wird man keine Freude, noch weniger aber wesentlichen Nutzen davon erleben!

§. 96.

Es schicken sich nicht alle fremde Bäume und Sträuche für unser Klima.

Es dürfte also nicht überflüssig seyn, zu Ende dieses Theiles eine geprüfte Uebersicht derjenigen bekannten Arten zu geben, welche im mittlern Theile von Deutschland, und in den unter gleichem Klima liegenden Ländern gewöhnlich im Freien gedeihen, und also den allgemeinen Gegenstand des Plantagenwesens für Deutschland ausmachen. Man wird in Vergleichung mit andern bekannt gewordenen Verzeichnissen — die Anzahl der Arten und Varietäten gar sehr vermindert finden; sich folglich nicht wundern dürfen, wenn die vermißten Arten im mittlern und nördlichen Theile von Deutschland nicht allgemein haben fortkommen wollen.

Bei denjenigen Arten, welche bis jetzt bloß zur Veränderung und zur Zierde der Gärten und Lustgebüsche erzogen wurden, folglich nur immer im Kleinen ausgepflanzet werden, ist der Schade nicht so beträchtlich — als wenn gewiß fehlschlagende Versuche mit großen Anlagen solcher Bäume und Sträuche gemacht werden, von denen der Unwissende sich großen Vortheil verspricht, welche aber — da sie für unser Klima so zärtlich sind, dergleichen nicht gewähren können.

Die in Deutschland bloß zur Zierde oder Mannichfaltigkeit, ohne bereits anerkannten Nutzen — anzubauen möglichen Holzarten, sind also noch der Gegenstand des schönen Gartenwesens. Da sich nun dergleichen nicht ohne gelernte Kunst- und Lustgärtner (welche die Eigenschaften und Wartung der Gewächse verstehen sollen) gedenken läßt: so würde ich einen Eingriff in ihre Kunstzunft wagen, wenn ich ihnen desfalls Gesetze vorschreiben wollte, welche diese Herren so ungerne von einem Pfuscher befolgen. Ich begnüge mich daher, den Gartenbesitzern zu Gefallen diejenigen Arten, welche noch bloß schönes Gärtnerwerk sind, in dem Hauptverzeichnisse mit aufzuführen, und die in der Jugend zärtlichen mit dem Zeichen ⊙, die immer zärtlichen aber mit † zu versehen. Die Besitzer werden darnach die Kenntnisse und Geschicklichkeit ihrer Gärtner bei Wartung solcher Gewächse beurtheilen können. Sie werden durch dieses Zeichen, und die vorher abgehandelten Lehren zugleich unterrichtet seyn, daß alle dergleichen Arten bei uns nur Spielwerk sind.

§. 97.

Künstliche Vermehrung der Vorräthe in den Baumschulen.

Bei der Baumzucht, mit mannichfaltigen Holzarten beschäftigt, geben uns die Baumschulen das Mittel an die Hand, auf vielerlei Art — schnelle und sichere Vermehrung zu machen; auch die Varietäten fortzupflanzen, welche auf keine andere als künstliche Manier unterhalten und in Vermehrung gebracht werden können, weil sie angezeigtermaßen aus dem Saamen in die Urart zurückschlagen. Die hierbei vorkommenden Geschäfte gehören also insbesondere mit zur geschickten, nützlichen War- und Unterhaltung der Baumschulen.

Durch diese möglichen, bereits Eingangs abgehandelten künstlichen Vermehrungsmittel kann man von einer Art, welche sich durch Stecklinge vermehren läßt, aus einer einzigen Pflanze — vermittelst Abschneiden, Zerstücken und Einstecken der Zweige eine so ansehnliche Menge bewurzelter tüchtiger Stämme in einigen Jahren erziehen, durch die alle Erwartung derjenigen übertroffen wird, welche dergleichen Zucht nicht schon selbst betrieben haben.

Andere Holzarten, welche nicht auf diese Weise, wohl aber durchs Ablegen fortgepflanzet und reichlich vermehret werden können, bieten in den Baumschulen ihre herunterhängenden, in der Folge überflüssigen Zweige zu solcher Operation mit vielem Vortheil dar.

Wieder bei andern, welche Wurzelbrut treiben, werden die mit Wurzeln versehenen Schößlinge abgestoßen, und besonders eingesetzt, folglich zu unabhängigen Stämmen erzogen; wodurch insgesammt die Pflanzenmenge sehr vermehret wird.

Die ferner in den Baumschulen vorhandenen Wildlinge sind zur Vermehrung der ähnlichen Varietäten zum Pfropfen, Kopuliren und Okuliren bei der Hand.

Das Pfropfen, nach verschiedenen Methoden, so wie das Kopuliren, geschieht vor Bewegung der Säfte; das Okuliren aber — nach vollendetem Triebe in die Länge, im Monat August. Bei spezieller Anweisung zur Kultur jeder Holzart sollen die künstlichen Vermehrungsmittel angezeiget werden, deren jede Art — verschieden fähig ist.

Vierter Abschnitt.

Grundsätze bei den Auspflanzungen ins Freie.

---

§. 98.

Nach den verschiedenen Absichten werden die Grundsätze der Auspflanzungen bestimmt.

Die Eingangs erwähnten verschiedenen Absichten bei der Holzkultur haben der Aussaat und Erziehung junger Bäume verschiedene Richtung gegeben. Sie bestimmen auch verschiedene allgemeine Grundsätze für die eigentliche Auspflanzung mannichfaltiger Holzarten ins Freie.

Es wird nunmehr an uns liegen, die verschiedenen Pflanzungen, den verschiedenen Absichten gemäß — anzulegen, die Geschäfte dabei mit den gehörigen Handgriffen und Vortheilen zu betreiben; endlich auch unsere Plantagen ordnungsmäßig zu warten und zu unterhalten. Man wird auf solche Art den erwünschten Erfolg sehen, und den möglichsten Vortheil für die angewendete Mühe und geringen Kosten erndten.

§. 99.

Berechnung der Vortheile bei forstmäßiger Auspflanzung junger Bäume.

Ich habe §. 40. beiläufig gesagt, und näher abzuhandeln hierher verspäret, daß diejenigen, welche befugt sind, Gehäge anzulegen, und ihren Wald vor dem Viehe zu versperren, auch nicht gleich etwas für das Auge verlangen, den Vortheil haben, — ihre Pflanzungen, ohne weitläufige Baumschulenkultur anlegen zu können, indem die jungen Stämmchen, anstatt in die Baumschule zu kommen, gleich im zweiten und dritten Jahre aus der Saamenschule — an den Ort ihrer Bestimmung — in mancherlei Absicht ausgepflanzet werden.

Diese Art von Holzkultur ist so sicher als wohlfeil. Wo es nicht dergestalt ins Große geht, daß man die gehörige Sorgfalt anzuwenden außer Stande wäre, so hat sie gewissermaßen Vorzüge, selbst vor der Besaamung, und kostet auch zuweilen weniger; denn diese erfordert bei Forstanstalten eine gehörige, weitläufige Bearbeitung des Bodens, welche entweder durch theures Aufhacken oder Pflügen geschieht. Ferner, so muß der Saame auch im Ueberfluß ausgestreut werden, weil so manche Zufälle den größten Theil derselben vernichten; und dennoch fehlt es nie an leer gebliebenen Flecken, welche bepflanzet werden sollten, dafern man den Ort geschlossen, und gehörig dicht erziehen will.

Eine kleine Balanz zum Beispiel, sowohl bei Laub- als Nadelholz hier beizubringen, dürfte den Liebhabern nicht unangenehm seyn, da solche zugleich einiges Licht über große Saatanstalten im Vorbeigehen verbreitet.

I. a) **Ein Magdeburger Morgen** hält 180 Rheinl. Quadratruthen. **Solche mit Eicheln zu besäen, kostet:**

1. für dreimaliges tiefes Akkern oder Pflügen à 1 Thl.	3 Thl.	
2. für sechs Berl. Scheffel Eicheln à 8 Gr.	2 Thl.	
3. solche heraus zu fahren	—	8 Gr.
4. auszusäen	—	3 Gr.
5. den Platz glatt zu eggen	—	8 Gr.
Summa	5 Thl.	19 Gr.

Hingegen —

b) **Einen Morgen mit kleinen 3 jährigen Saatschul-Eichen, sechs Fuß weit im Verbande zu bepflanzen**

sind erforderlich 12 Schock 22 Stück.

Wenn sechs Groschen Tagelohn gegeben werden, und das Wasser zum Anschlämmen nicht über eine Stunde weit anzufahren ist, so kostet das Schock auszuheben, zu transportiren, einzusetzen, mit Wasser anzuschlämmen und fest zu machen 5 Gr. Dieses beträgt für obige Eichen auf den Morgen 2 Thl. 16 Gr. 7 Pf.

Mithin kostet die Bepflanzung an baarem Verlag **weniger als die Besäung:** 3 Thl. 2 Gr. 5 Pf.

II. a) **Einen Morgen mit Kiefernsaamen zu besäen, kostet:**

1. Einen Morgen in Rinnen zu hacken	3 Thl.	8 Gr.
2. 8 Pf. reinen Kiefernsaamen à 10 Gr.	3 —	8 —
3. Solche heraus zu bringen und auszusäen	—	3 —
Summa	6 Thl.	19 Gr.

Hingegen:

b) **Einen Morgen mit dreyjährigen Kiefernpflanzen 4 Fuß weit im Verbande zu besetzen**

sind erforderlich 28 Schock 22 Stück.

Unter obigen Umständen kostet das Schock 5 Gr. zu pflanzen.

Beträgt also auf den Morgen 5 Thl. 21 Gr. 10 Pf.

Daher kostet auch in dieser Art die Bepflanzung **weniger** 21 Gr. 2 Pf.

Wollte man nun auch die erste Kultur der Saatpflanzen in die Saatschule, und die etwa vorkommende wenige Ausbesserung der Anlage hoch anrechnen, so würde die Pflanzung doch nicht

nicht höher als die Besäung zu stehen kommen, welche unfehlbar auch ausgebessert werden muß, und öfters, wie man sieht, gar nicht gerathen will.

§. 100.

Bestimmung der Weite, in welcher kleine Laub- und Nadelhölzer zu Waldbäumen ausgepflanzet werden sollen.

Dergleichen junge Pflanzungen gerathen aber unfehlbar, wenn damit gehörig verfahren wird; man darf nicht erst wegen Güte und Menge der Saamen besorgt seyn, und man sieht gleich mit einem Mahle die Anlage überein und der Absicht angemessen mit jungen Bäumen besetzt. Eine etwa ausgehende Pflanze kann durch ihres Gleichen auch gar leicht und eher ergänzet werden, als es durchs Nachsäen in folgenden Jahren bei Saamenmangel zu bewirken möglich ist. Endlich kann auch in solchen Jahren etwas geschehen, in welchen kein Saame zu bekommen ist.

In vorstehender Balanz ist die Weite der **Eichen** auf sechs Fuß; der **Kiefern** aber auf vier **Fuß** im Verbande angenommen worden.

Diese Regel mag nun auch wegen der ersten für **alle Laubhölzer**, und wegen der andern für **alle Nadelhölzer** gelten, die zu Waldbäumen und glattschäftigen Bauhölzern erzogen werden sollen. Denn würden sie weiter gepflanzt, so können sie nicht bald genug mit den Zweigen zusammen kommen, und sich gemeinschaftlich in die Höhe helfen, müßten also zu lauter Büschen und struppigen Bäumen werden. Wollte man sie aber enger setzen, so würden unnöthig und zum Schaden, viel mehr Pflanzen und Kosten erforderlich seyn; die Wurzeln würden nicht Platz haben, sich auszubreiten, wie mehrentheils bei den großen Saatanlagen der unglückliche Fall ist; die Stämme unterdrücken sich selbst, ohne daß der erwünschte Enzweck erreichet würde, alles — recht schlank in die Höhe wachsen zu sehen. Es gehört übrigens nicht hierher, mich über die, durch das zu dicke Säen oft begangenen Fehler, und aus dieser gemeinen Lieblings-Idee entstehenden übeln Folgen weitläufig auszubreiten. Ich kehre daher wieder auf unsere vorhabenden Pflanzungen zurück, und handle die Methoden zuvörderst ab, nach welchen die Plantagen ohne vorhergegangene Bäumschulen-Wartung angelegt, und glücklich zu Stande gebracht werden können. Die, von mir selbst — solchergestalt mit Laub- und Nadelhölzern angebaueten, großen, hoffnungsvollen Strecken, welche von jedermann in Augenschein genommen werden können: sprechen dieser Anleitung das Wort, und vertreten mich gegen die papiernen Tausendkünstler — mancherlei Art.

§. 101.

Bestimmung der Fälle, in welchen solche Auspflanzungen ohne Baumschulstämme Statt finden.

Pflanzungen ohne Baumschule können nur nach obigen erfahrungsmäßigen Grundsätzen Statt finden:

1) Wenn nach §. 40. **hinlänglich befriedigte Grundstücke** zu Anlagen vorhanden sind, auf welchen man das Erwachsen der Laub- und Nadelhölzer — ruhig, und unter den nähmlichen Umständen abwarten kann, als wenn solches — bloß durch die Saat bewirket werden sollte.

2) Wenn man gut zu finden glaubt, die Ränder der Dämme, Bäche, Flüsse, Seen; die Landstraßen und die Viehanger mit keinen bessern Holzarten, als **Kopf-Pappeln** und **Kopf-Weiden** zu bepflanzen.

In allen übrigen Fällen aber verlangen die auszupflanzenden Stämme eine baumschulmäßige Vorbereitung, wenn die Plantagen nicht wie fast immer gewöhnlich ist — schlecht ausfallen sollen.

§. 102.

Anweisung zur Auspflanzung und Wartung kleiner Saamenstämmchen.

Die **Weite** und die **Pflanzpunkte** werden nach den vorhabenden Holzarten zufolge §. 101. vermittelst kleiner Marquirstöcke, einer Schnur, und eines von Latten gemachten leichten Winkel-Maßes (von der Länge wie weit die Pflanzen aus einander kommen sollen) abgesteckt. Um diese Stöcke herum werden weder zu große noch zu kleine, — nicht zu tiefe, sondern der Größe der Wurzeln angemessene **Löcher** dergestalt gemacht, daß die gute obere Erde — auf die eine, die untere aber auf die andere Seite des zu verfertigenden Loches gelegt werden.

Die Marquirstöcke werden wieder gesammelt, und weiter ausgesteckt.

Wenn alle Löcher auf dem zu bepflanzenden Platze fertig sind, hebt man in der Saamenschule so viele Pflanzen mit Vorsicht aus, als in einem Tage wieder eingesetzt werden können. Alles dieses, nebst dem Sortiren der jungen Stämmchen nach der Größe, so wie der Transport, wird eben so betrieben, wie §. 48—51. gerathen worden ist.

Der Pflanzer nimmt hierauf einen Korb mit Pflanzen und einen Eimer voll Wasser, stellet sich an eine Löcherreihe, ziehet ein Stämmchen heraus, steckt es ins Wasser, hält es mit der linken Hand in das Loch, schiebt mit der rechten von der guten obern Erde hinein, füttert sodann mit dieser lockern Erde die Wurzeln wohl aus, und giebt dem Stämmchen die Richtung (daß es nicht tiefer als vorher zu stehen komme), läßt sodann die Pflanze locker stehen, und fährt mit den übrigen Löchern immer so fort.

Hinter dem Pflanzer folgt der Angießer, welcher vom Handlanger immer mit Wasser in die Gießkanne (die nicht zu groß seyn darf) versehen werden muß. Dieser hält das Pflänzchen mit der linken Hand und gießt mit der rechten solches an, so, daß etwa ein Maß (2 ℔) Wasser nach und nach an die Wurzel eines jeden Stammes komme, und die lockere Erde zu einem Brey werde. Hinter dem Begießer folgt einer mit der Schaufel oder Spadte. Dieser bringt die übrige Erde in das Loch, drückt solche mit den Händen fest, giebt der Pflanze die endliche Richtung, daß sie gerade und weder zu flach noch zu tief komme. Im trocknen Boden muß ein Kessel verbleiben; im nassen aber wird auf einen Hügel gepflanzt.

Bei diesen Handgriffen können diese drei Männer nebst einem Handlanger eine große Menge in einem Tage gehörig einsetzen; und man wird für wenige Kosten gewiß viel Freude erleben.

In diesen geraden Pflanzenreihen ist zu Ende des Sommers gleich zu übersehen, ob und was an Pflanzen ausgegangen sey, oder zu elend, auch durch manche Zufälle beschädigt dastehe. Bei dieser Revision werden die dürren ausgezogen und die Löcher wieder aufgeworfen; in der nächsten Pflanzzeit aber unfehlbar ergänzet.

Diese Unterhaltung muß so lange fortgesetzt werden, bis in der ganzen Anlage alles gehörig und ohne alle Lücken einher wächst. Alle übrige Wartung, außer dem etwa nöthigen Begießen im ersten Sommer, besonders aber das Beschneiden würde überflüssig, und letzteres sogar höchst schädlich seyn.

§. 103.

Anweisung zu Pappeln- und Weidenpflanzungen, vermittelst großer Setzstangen.

Um Pappeln und Weidenpflanzungen anzulegen, bedient man sich des erfahrungsmäßigen Hülfsmittels — geschwind und leicht zu großen Stämmen durch Stecklinge zu gelangen; indem man im Frühlinge recht große Aeste steckt und das Begrünen derselben erwartet. Jedermann pflanzet zwar Pappeln und Weiden; es will aber nicht immer gerathen, weil die elende Behandlung oft alle Hoffnung vereitelt; oder weil der gewählte Boden den gesteckten Stöcken vielleicht gar nicht angemessen ist.

Die Arten, deren man sich vorzüglich mit Erfolg bedienen kann, sind — die Silberpappel, schwarze **Pappel** und die **canadische Pappel**; die übrigen Pappelarten müssen aus kleinen Zweigen in Baumschulen erzogen werden. An Baumweiden — sind vorzüglich: die **gelbe und braune Bandweide; lorbeerblättrige Weide** (Salix pentandra L.) und die **rothe Weide** (Salix purpurea L.)

Wer nun dergleichen Setzweiden oder Pappeln im März mit sehr scharfen Werkzeugen von den Bäumen gekappet, und 8 Fuß lang, oben schräge gehauen hat (wozu die sechsjährigen Stangen am besten sind), der legt solche mit dem untern, dicksten Ende, welche gerade gemacht wird, vierzehn Tage ins Wasser.

Während dieser Zeit werden an dem Pflanzorte auf 12 Fuß aus einander die Löcher verfertiget, welche drei Fuß weit und zwei Fuß tief ausgegraben werden müssen, damit die aus dem Stamme austreibenden zarten Wurzelfasern in milde Erde dringen, sich gehörig ausbreiten und verstärken können. Fehler wider diese Vorsicht begangen — haben den elenden Wuchs, und das baldige Hohlwerden der Weiden zur ganz gewissen Folge.

In ein dergleichen Loch wird eine Setzweide gerade eingehalten, nachdem man vorher wohl zugesehen, ob auch die Rinde nicht beschält, oder das Holz eingespalten sey, in welchen Fällen entweder noch so viel glatt abgehauen, oder der Stamm ganz weggeworfen werden muß.

Das Loch wird hiernächst mit lockerer Erde gefüllet, man dreht den Stamm alsdann etwas hin und her, und richtet den obern schrägen Abhieb gegen Norden, damit die Sonne nicht darauf brennen, und den Stamm auszehren könne.

Da nun durch das Bewegen ein Raum zwischen dem Stamme und der Erde gebildet seyn wird, so gießet man einige Maß Wasser in dieses Loch und zunächst dem Stamme; und tritt von außen herein die Erde fest an, ohne jedoch den Stamm zu beschädigen.

Es kommt nicht alle Erde wieder in das Loch, damit ein Kessel verbleibe, in welchem sich das Regenwasser zur Nahrung des Stammes sammeln könne.

Auf solche Art wird die Erde sich beim Pflanzen an den Stamm gehörig ansaugen, aller Zwischenraum ausgefüllt werden, und das Bewurzeln erleichtert seyn.

Die im Sommer überall austreibenden Reiser sind immer bis zur Krone (welche 6 Zoll bleibt) abzubrechen, um den noch ohne Wurzel lebenden Stamm durch überflüssigen Trieb nicht zu entkräften, und an der Bewurzelung zu hindern. Es kommt nun darauf an, ob diese Bäume zu Kopfstämmen, oder hochschäftig erzogen werden sollen.

Im ersten Falle werden im folgenden März nach der Einsetzung die ausgetriebenen Zweige bis auf zwei Zoll eingestutzt, um die Wurzeln zu verstärken, und eine dichte, reiche Krone zu bilden.

Im andern Falle löset man im zweiten Sommer gegen den August alle geringen Loden scharf ab, und läßt nur das einzige beste und stärkste in die Höhe wachsen, welches das oberste zunächst dem schrägen Abhiebe ist.

In der Folge wird der Stamm von unten bis über den Absatz des neuen Wuchses von allen Austrieben rein gehalten; solchergestalt verwachsen sie bald, daß es kaum mehr zu erkennen ist, ob dieser Gipfel nicht vom Anfange auf solchem Baume gewesen sey. Man muß dieses besonders bei den Silberpappeln nicht unterlassen, welche zu schönen, großen und geraden Bäumen erzogen werden können und müssen.

§. 104.

Von Auspflanzung solcher Baumschulstämme, die große Bäume geben sollen.

Nachdem nun die Fälle der Auspflanzung derjenigen Stamme abgehandelt worden sind, welche man nicht in Baumschulen zu erziehen braucht: so kommen wir auch auf die mancherlei Pflanzungen der Baumschulstämme, zufolge der §. 1. und §. 26. angegebenen verschiedenen Absichten.

Daferne Erziehung und Auspflanzung überall gehörig besorgt wird, und die Gipfel verschont worden sind: so bleibt kein Zweifel, daß von versetzten Stämmen solcher Holzarten, die nach ihren natürlichen Eigenschaften dazu geschickt sind, — nicht eben so gut Bau- und große Baumhölzer, als aus unverpflanzten, erwachsen sollten.

Die Arten, welche bei solcher Behandlung unter unserm Klima, in mancherlei verschiedenem Boden, zu Bauholz geschickt sind, stelle ich hier nach eben der systematischen Ordnung auf, wie ich bereits §. 85. vielleicht nicht ohne allen Nutzen in Ansehung der zu lebendigen Zäunen schicklichen Holzarten gethan habe.

§. 105.
Bestimmung der Holzarten, welche nach Beschaffenheit mancherlei Bodens in Deutschland zu Bauholz auszupflanzen sind.

Die zu großen, und ihres Holzes wegen, zu nutzbaren **Baustämmen** anzupflanzenden Holzarten sind:

I. Auf trocknem Boden.

A. In Sand mit Dammerde:

a) Laubholz.

1. *Populus* tremula Linn., die Zitteräspe, Aspe.
2. *Quercus* Robur, Traubeneiche.
3. — Prinus, Nordamerikanische kastanienblättrige Eiche.

b) Nadelholz.

1. *Pinus* sylvestris, die gemeine Kiefer; Föhre.
2. — rubra, Schottische Kiefer.
3. *Pinus* canadensis, Canadische weiße Fichte.

B. In Lehm mit Dammerde:

a) Laubholz.

1. *Fagus* Castanea, die süße Kastanie.
2. *Ulmus* americana, die Nordamerikanische weiße Ulme.
3. — campestris, die gemeine glatte Ulme; und die vorstehenden Laubhölzer der ersten Classe.

b) Nadelholz.

1. *Pinus* echinata, Nordamerikanische zwei und dreinadlichte Kiefer.
2. — Abies L., die Fichte, oder gemeine Roth-Tanne.

II. Auf gemäßigtem frischen Boden.

A. In Sand mit Dammerde.

Alle vorstehenden Arten; ferner

a) Laubholz

1. *Betula* Alnus incana, die Nordische weiße Eller.
2. *Fagus* sylvatica, die Mastbüche.
3. *Fraxinus* excelsior, die gemeine Esche.
4. — nigra, Nordamerik. schwarze Esche.
5. *Populus* alba, Silberpappel.
6. — nigra, gemeine schwarze Pappel.
7. — Caroliniana, Nordamerikan. Pyramidenpappel (welche nicht mit der Italienischen oder Lombardischen sehr zärtlichen — verwechselt werden muß).

8. *Populus* Canadensis, Nordamerikanische großblättrige Pappel.
9. *Quercus* foemina oder pedunculata, die gemeine Stieleiche; Sommereiche.
10. — rubra, Nordamerikan. Scharlacheiche.

b) Nadelholz.

1. *Pinus* Strobus, die Nordamerikanische Weymouthskiefer.
2. — Larix, der Lerchenbaum.

B. In Lehm mit Dammerde.

Alle vorstehende Arten; desgleichen an

a) Laubholz.

1. *Ulmus* sativa, die rauhe Rüster; Ulme oder Iper.

b) Nadelholz.

1. *Pinus* Picea L. die Weißtanne; Edeltanne.
2. *Thuja* occidentalis, der Nordamerikanische Lebensbaum.

III. Auf feuchtem Boden:

A. In Sand mit Dammerde.

a) Laubholz.

1. *Betula* Alnus, die gemeine Eller; Else.
2. *Platanus* occidentalis, der Nordamerikanische Platanus; Kleiderbaum.
3. *Robinia* Pseudo-Acacia, Virginischer Schotendorn.

4. *Salix* alba, die große weiße Baumweide.

b) Nadelholz.

1. *Cupressus* Thyoides, die Nordamerikanische weiße Ceder; (in beschützter Lage, und in den wärmern Gegenden Deutschlands. In den kältern bleibt ihr Wuchs sehr zurück.)

B. In Lehm mit Dammerde:

Die erste, dritte und vierte der nächstvorstehenden Laubholzarten.

Diese Holzarten können entweder nach §. 101. oder als Mittel- auch als große Baumschulstämme in die Plantagen ausgepflanzet werden. In Absicht der erstern kleinen Saamenstämmchen ist §. 101. und ferner schon alles ausführlich vorgetragen worden; hier aber werde ich über die Geschäfte bei Pflanzung der Baumschulstämme solcher Art handeln.

§. 106.

Ueber die Entfernung der Stämme nach verschiedenen Umständen.

Die Größe der jungen Stämme bestimmt die Weite oder Entfernung, in welcher sie nach obiger Absicht zu Bauholz — ausgepflanzet werden müssen.

Größere, bereits im vollen Wachsthum sich befindende Bäumchen erreichen sich einander weit eher mit den Zweigen als kleine.

Da aber zum hochschäftigen Erwachsen das Zusammenkommen der Zweige schlechterdings nothwendig ist, so muß man auf diesen Umstand besonders Rücksicht nehmen.

Es ist schwer, hierüber allgemeine sichere Grundregeln zu geben. Ich getraue mir mit Vorbehalt mancher Ausnahmen hierüber nur etwas zu sagen.

1) Stämme von Laubhölzern, welche nächst dem Wuchse in die Höhe — auch ihre **Kronen weit auszubreiten pflegen,** als **Eichen, Büchen, Ulmen, Kastanien, Platanus,** — können **weitläufiger** als **Pappeln, Eschen, Ellern** und **Nadelhölzer** ausgepflanzet werden, die zu spät zusammen kommen würden.

2) Ein Jahr nach der Pflanzung haben die Bäume fast bloß mit Wiederherstellung in den vorigen Stand zu thun, ohne daß auf eine starke Ausbreitung der Zweige und Wurzeln gerechnet werden könnte. Diese erfolgt im zweiten und dritten Jahre nachher, und geht alsdann frisch von statten.

3) Die Stämme haben sich zugleich verstärkt, und können sich alsdann selbst gehörig unterstützen; wenn also

4) zu solcher Zeit die Zweige zusammen kommen, so wachsen die Stämme gemeinschaftlich in die Höhe, reinigen sich selbst von den untersten Zweigen, und erlangen gerade schlanke Schäfte. Es ist also

5) nicht nöthig, daß hierbei, wie in den Saatanlagen, eine ungeheure Menge Stämme von ihren Nachbaren unterdrückt und zurückgesetzt werden müßten; dafern nur die Auspflanzung in gehöriger Entfernung, — das ist, nicht zu dicht und nicht zu weitläufig geschehen ist.

Da nun an solchen Stämmen schon gute Wurzeln sind, so braucht man beim Auspflanzen auch nicht die Zweige ganz abzuschneiden.

Rechne ich deren Länge im Durchschnitt nur 1½ Fuß; nehme ich den Wuchs der Zweige im zweiten und dritten Jahre noch auf 3 Fuß an, so erhalte ich nach solcher Zeit Zweige, welche 4½ Fuß lang seyn werden. Weil aber die Stämme im Verbande einander gegen über gesetzt werden, und die Zweige der einen Reihe den andern eben so lang entgegen wachsen, so dürfte die rechte **Weite der stark bekrönten Laubhölzer — auf neun Fuß** für die Auspflanzung **ins Freie** zu bestimmen seyn.

Bei den andern und den **Nadelhölzern** aber, welche mehr pyramidenmäßig wachsen, dürfte man nur sechs Fuß rechnen können.

§. 107.

Vorsichten bei Absteckung und Verfertigung der Pflanzlöcher.

Nach dieser, oder vielleicht anders — besser erwogenen Weite, werden die **Pflanzpunkte** durch Marquirstöcke, wie §. 102. gesagt worden ist, auf dem rohen Waldboden abgesteckt,

Die Löcher werden unter diesen Umständen lieber etwas zu weit als zu eng gemacht, damit die Wurzeln sich in mürber Erde gehörig ausbreiten und verstärken können. Sie aber zu tief zu machen, ist nicht rathsam, weil zu viel rohe Erde mit herauf gebracht wird, welche dem Wachsthum der Bäume nicht behülflich ist. Man muß sich desfalls nach dem vorhabenden Boden, den Stämmen und deren Wurzeln richten; denn schwerer, strenger Boden erfordert weitere und tiefere Löcher, als ein milder.

Es ist auch gut, wenn die Löcher bei Zeiten, und zwar im Herbste zuvor gemacht werden können, damit die rohe Erde der freien Luft ausgesetzt, und in solcher mit nährender Materie geschwängert werde.

§. 108.

Vorsichten beim Ausheben der Baumschulpflanzen.

Nach geschehener Absteckung, Vorbereitung und Anlage der Plantage, wobei man auf die Beschaffenheit des Bodens und der Erdarten sein Augenmerk gerichtet, und die schickliche Holzart für denselben, oder den Platz nach der vorräthigen Holzart gewählt hat, werden die Baumschulstämme in der Pflanzzeit vorsichtig, und mit möglichster Verschonung der Wurzeln reihenweise von beiden Seiten untergraben. Es wird sodann leicht werden, die Bäume mit einiger Hülfe wohlbehalten auszuheben.

Da das gute Gedeihen auf dem Reichthum und der guten Beschaffenheit der Wurzeln beruhet: so versteht es sich von selbst, daß nichts verstutzet werden dürfe.

Man schneidet daher nur die beim Ausgraben, ungeachtet aller angewendeten Vorsicht — dennoch irgend beschädigten Wurzeln dergestalt schräg zu, daß der Abschnitt nach unten hin weise.

Die Nadelhölzer werden gar nicht beschnitten. Bei den Laubhölzern aber werden nur die langen Zweige bis auf 1½ Fuß vom Stamme ab — eingestutzt, und der Abschnitt wird gleichfalls von unten nach oben geführt: so, daß die Sonne nicht auf die Wunde brennen könne; die obersten kürzern Zweige, so wie die Gipfel, sind aber gänzlich zu verschonen.

Die Bäume werden auch in diesem Falle nach ihrer Größe sortirt, und jede Sorte muß besonders gepflanzt werden, weil man sonst unfehlbar Unterdrückung der kleinen veranlassen würde, wenn solche ins Gemenge kämen.

§. 109.

Vorsichten beim Transport der Baumschulstämme nach der Plantage.

Es kommt beim Transport darauf an, ob die Baumschule nahe oder weit vom Pflanzorte liege.

Im ersten Falle werden die Bäume ohne viele Umstände geradezu hingeschafft, und in der Plantage bis zum Einsetzen in die Erde eingeschlagen,

schlagen, unterweges aber mit Reisig oder nassem Stroh an den **Wurzeln** vor der **Luft** bedeckt. Man hebt alsdann täglich nicht mehr aus, als wieder eingesetzt werden können.

Ist der Transport aber weit, so verlangen die Bäume, besonders die **Nadelhölzer**, viele **Vorsicht**; diese besteht darin, daß die Wurzeln mit feuchtem Moß gut ausgefüttert und bedeckt, sodann die Stämme schichtenweise zwischen Stroh auf den Wagen gelegt werden, damit die Stämme und Zweige sich nicht reiben, die Wurzeln aber nicht betrocknen können.

Den weit gefahrnen und einige Tage unterweges gewesenen Bäumen ist zur **Erfrischung** nöthig, daß man sie 3, 4 Tage ganz mit frischer Erde bedecke; die Rinde zieht dadurch wieder Säfte an, quillt auf, und der unterwegens ausgedunstete Stamm, welcher dagegen nichts erhalten konnte — stellt sich in seinen gehörigen Zustand her.

Man muß es demnach der Unterlassung obiger Vorsichten, folglich Fehlern zuschreiben, daß nach dem allgemeinen Vorurtheile die Nadelhölzer sich so schwer und unsicher verpflanzen ließen.

§. 110.

Anweisung zur Auspflanzung der Baumschulstämme.

Wenn die **Auspflanzung** unternommen wird, so stellt und richtet der **Pflanzer** einen Stamm, dessen Wurzeln vorher mit Wasser besprengt worden, in die Mitte des Loches, ohne sich an die Himmelsgegend zu kehren; läßt sich von einem Handlanger von der obersten guten lockern Erde mit der Schaufel unter die Wurzel bringen, bis der Baum so weit über die Erdlinie kommt, als er vorher gestanden hat. Der Handlanger ergreift sodann den Baum; der Pflanzer aber — reibet knieend mit beiden Händen noch gute Erde zur Ausfütterung der Wurzeln in das Loch, und formet in demselben einen kleinen lockern Hügel, daß der Baum sich allein halten könne. Er setzt diese Arbeit weiter fort und bis zu Ende, wobei er immer auf die Linie und den Verband sieht.

Hinter diesen beiden kommen zwei andere Leute; der eine hält den Baum mit beiden Händen; der andere gießt so viel Wasser an den Stamm, daß um die Wurzel herum ein Brey entsteht. Der erste zieht den Baum einigemal gelinde in die Höhe, und drückt solchen wieder nach unten, bis das Wasser einzieht, und der Stamm allein steht. Auch diese setzen ihre Arbeit ferner fort.

Es folgt hierauf der fünfte Arbeiter mit einer Schaufel oder Spadte. Dieser füllt von der übrigen Erde noch mehr in das Loch, und tritt vom Umfange desselben die Erde nach der Mitte zu allmählig fest; ohne jedoch die Mitte oder die Wurzeln zu berühren. Der Platz um den Baum herum wird sodann im gemäßigten Boden eingeebnet, oder man bildet im trockenen einen Kessel; in feuchter Erde aber, worin die Bäume nicht unter die Oberfläche gesetzt werden dürfen — einen Hügel von herzu gebrachter Erde.

§. 111.

Ueber die Befestigung mit Baumpfählen.

Baumschulstämme, welche mit genugsamen und weitausgehenden Wurzeln ausgehoben, auch vorbeschriebenermaßen gehörig eingesetzt worden sind, werden sich ohne **Unterstützung** oder Pfähle von selbst steif und fest halten. Sie werden durch die angeschlämmte, sich bald setzende Erde noch immer fester werden, bevor noch die Wurzeln von neuem anfangen — zu wachsen oder sich auszubreiten.

Es bedarf also bei solchen Stämmen, welche nicht über 8 Fuß über der Erde haben, und von unten auf dick genug sind, im Gipfel aber spitzig auslaufen, **keiner Baumpfähle**. Sollten dergleichen aber wegen der zu befürchtenden Zudringlichkeiten, oder wegen Größe und Beschaffenheit der Bäume erforderlich seyn, so müssen sie **nie** eher angebracht werden, bevor der Boden sich nicht hinlänglich gesetzt habe.

Auch alsdann müssen es nie solche einfache lange Baumpfähle seyn, deren die Gärtner sich sonst gewöhnlich bedienen; dadurch aber viel Holz verschwenden, die Wurzel bei deren Einstoßen beschädigen; beim Verfaulen aber den Bäumen — Brand, Krebs und Schimmel zuziehen, durch die gewöhnlichen Bindweiden die Rinde bescheuern; auch wenn sie solche bald und ehe die Erde sich gesetzt hat, anbringen, den Baum gleichsam aufhängen, daß unter der Wurzel Zwischenräume entstehen, und die Bäume, wo nicht gleich ausgehen, doch schmachten müssen.

Die beste Befestigung neugepflanzter Bäume wird demnach gegen den Ausbruch des Laubes so angebracht, wie ich am deutlichsten durch Fig. 3. beschreiben zu können glaube.

Sie hat in allen Fällen verschiedene Vorzüge; denn —

1) sind die zwei kurzen Pfähle *a a* außer dem Pflanzloche *b b* in die Erde geschlagen. Hindern also die Wurzel nicht.

2) Die Strohseile *c c*, womit der Baum von beiden Seiten gefangen ist, können die Rinde nicht reiben, auch den Stamm nicht im Wachsthume in die Stärke hindern, — wie die öfters vergessenen, und einwachsenden Bindweiden thun.

3) Befestigen sie weit mehr.

4) Kann der Stamm doch oben vom Winde bewegt werden (welches dem Wachsthume zuträglich ist), ohne daß sie in der Wurzel losgerissen werden.

5) Ist dabei eine große Holzersparung, weil nur höchstens 4 Fuß lange, schlechte, gespaltene Stücke dazu erforderlich sind; anstatt die gewöhnlichen Baumpfähle wenigstens 9 Fuß ganze Länge haben, und folglich aus gutem gleichen jungen Holze bestehen müssen, welches weit vortheilhafter angewendet werden könnte, anstatt es bald verfaulet.

§. 112.

Wartung u. Unterhaltung der Plantagen.

Es wird zum guten Fortkommen und muntern Triebe der Pflanzung viel beitragen, wenn die Stämme in den ersten Jahren im Junius und im September über den Wurzeln flach behacket werden, weil das Gras und Unkraut nicht allein dadurch vertilget, sondern auch die Erde noch mehr zur Aneignung der Nahrung von außen her geschickt gemacht wird.

Sollte in dem ersten Jahre, bevor die Wurzeln ausgelaufen, — eine allzulange anhaltende Dürre einfallen, und die Pflanzung schmachten: so kann man mit wenigen Kosten einer großen Menge schöner, hoffnungsvoller Bäume, vermittelst Begießens — das Leben und die Gesundheit erhalten.

Bei solchen gradlienigen und großen Pflanzungen bedient man sich dazu eines schmalen Wagens, mit einem großen Fasse Wasser, welches mit einem langen ledernen Schlauche und einem Schließhahne versehen ist.

Mit einem einzigen Pferde kann beim Durchfahren in einem Tage eine sehr große Menge begossen werden, dafern das Wasser nicht allzu weit und allzu beschwerlich herbei zu schaffen ist.

Vor dem Begießen werden die Kessel mit der Hacke aufgeräumt, um das Wasser halten zu können.

Es versteht sich von selbst, daß auch hier alles Zurückbleibende in der nächsten Pflanzzeit gehörig ausgebessert und ergänzt werden müsse. Wird ein älterer Baum vom Winde gerückt, so bedient man sich des Mittels, welches Fig. 4. vorgestellt ist.

§. 113.

Ueber die Kosten der Anlage.

Die Kosten einer solchen Anlage und Unterhaltung größerer Bäume sind allerdings beträchtlicher, als bei kleinen dreijährigen Saatpflanzen. Sie sind aber doch lange nicht so arg, daß man aus Furcht vor denselben von dergleichen nützlichen Unternehmung in solchen Fällen abgehalten werden sollte, wenn man nicht kleine Pflänzchen setzen kann oder darf.

Es sey also den Eigenthümern und unerfahrenen Liebhabern zum Trost gesagt, daß unter den viel Tausenden solchergestalt gepflanten Bäumen die Kosten bei mir nie über 7 und nicht unter 6 Pfennige — mit allen Umständen für jedes Stück im Durchschnitt betragen haben; da ich 6 Groschen Tagelohn bezahlen, und das Wasser theils nahe, theils eine halbe Stunde weit für Geld anfahren lassen muß.

Man wird also hiernach die öfters betrüglichen und gewinnsüchtigen Anschläge zu beurtheilen im Stande seyn.

Ein merklicher Unterschied, in Absicht der Kosten, kann demnach nur da Statt finden, wo ein sehr steiniger, strenger Boden — das Löchermachen erschwert, wo andere Erde in dieselbe gebracht werden muß, wo man genöthigt ist, die Stämme weit herzuholen; und endlich — wo es mit Herbeischaffung des unentbehrlichen Wassers (der Seele aller Pflanzung) gleiche Bewandtniß hat.

Fünfter Abschnitt.

Grundsätze des Erfolgs aus der Baumzucht.

§. 114.

Bestimmung der Holzarten, welche in Deutschland, nach Beschaffenheit mancherlei Bodens, zu großen Bäumen angeflanzt werden können.

Die Ordnung des Vortrags führt mich nunmehr auf die großen Bäume, welche außer obigen Bauholzarten bloß ihres Holzes wegen in Deutschland durch Pflanzung angebaut zu werden verdienen; und also bei gehöriger Behandlung — entweder Gegenstände der Forst-Oekonomie zu Nutz-, Werk- und Brennholz, oder des Plantagenwesens, zu Alleen, Esplanaden und Verschönerungen der Gegenden und großen Gärten — ausmachen.

Diese sind:

I. Auf trocknem Boden.

A. In Sand mit Dammerde:

a. Laubholz.

1. *Acer* Platanoides L. Der deutsche Spitzahorn; die Lenne.
2. *Betula* alba. Die gemeine Birke.
3. *Prunus* virginiana. Die Virginische Traubenkirsche.

b. Nadelholz.

1. *Pinus* virginiana. Die Jersey-Kiefer.
2. — rigida. Virginische dreinadliche Kiefer.

B. In Lehm mit Dammerde:

Vorstehende Holzarten; ferner

a. Laubholz.

1. *Betula* nigra. Die Nordamerikanische schwarze Birke.
2. — excelsa. Canadische Birke.
3. *Crataegus* Aria (*Pyrus* Aria Willd.) Der Mehlbaum.
4. *Juglans* nigra. Die Nordamerikanische runde Wallnuß.
5. — oblonga oder cinerea. Nordamerikanische lange schwarze Wallnuß.
6. *Quercus* Cerris. Die Cerreiche.

b. Nadelholz.

1. *Juniperus* Virginiana. Die Virginische rothe Ceder.

2. *Juniperus* Caroliniana. Carolinische rothe Ceder.
3. *Pinus* Taeda. Nordamerikanische Weihrauch-Kiefer, und
4. — Cedrus. Die Libanotische Ceder.

II. Auf gemäßigtem frischen Boden.

A. In Sand mit Dammerde.

a. Laubholz.

Alle vorstehenden Arten; ferner

1. *Acer* Pensylvanicum L. Der Pensylvanische Ahorn.
2. *Aesculus* Hippocastanum Roßkastanie.
3. *Betula* papyrifera. Nordamerikanische Papierbirke.
5. *Carpinus* Virginiana. Nordamerikanischer Hornbaum.
5. *Fraxinus* rotundifolia. Mannaesche.
6. — integrifolia. Glattblättrige Esche.
7. — paniculata. Nordamerikanische blumige Esche.
8. *Populus* albissima fol. lobatis (*Populus* nivea Willd.). Silberpappel mit lappigen Blätter.
9. — cordifolia. Herzblättrige Pappel.
10. — balsamifera. Balsampappel; Tacamahaca.
11. *Sorbus* hybrida. Der Bastard-Vogel-Beerbaum.
12. *Tilia* americana. Die Nordamerik. schwarze Linde.

13. *Tilia* caroliniana. Nordamerikanische weiße Linde, und
14. *Ulmus* belgica. Holländische großblättrige Ulme.

b. Nadelholz.

1. *Pinus* laricina. Der Nordamerikanische Lerchenbaum.
2. — mariana. Die Nordamerikanische schwarze Fichte, und
3. — Cembra. Russische Ceder; Zirbelkiefer.

B. In Lehm mit Dammerde.

a) Laubholz:

Außer den Pappelarten alle vorstehende Laubhölzer; ferner

1. *Acer* Pseudo-Platanus. Der gemeine Ahorn.
2. *Betula* lenta. Die Nordamerikanische zähe Birke.
3. *Carpinus* Betulus. Der gemeine Hornbaum.
4. — Ostrya. Der Hopfen-Hornbaum.
5. *Cytisus* Laburnum. Der große breitblättrige Linsenbaum.
6. *Juglans* alba. Die Nordamer. weiße oder Hykory-Wallnuß.
7. *Quercus* alba. Nordamer. weiße Eiche.
8. *Sorbus* domestica. Der Speyerling-Baum.
9. *Tilia* europaea. Die großblättrige Linde; Sommerlinde.

10. *Tilia* cordata. Kleinblättrige Linde; Winterlinde.
11. *Ulmus* scabra. Englische breitblättrige Ulme, und
12. — angustifolia. Englische schmalblättrige Ulme.

b. Nadelholz.

1. *Pinus* Balsamea. Gileadsche Balsam-Tanne.
2. — americana. Nordamerik. Schierlingtanne; Hemlocktanne.

(Alle vorstehende Holzarten gedeihen auch auf frischem Boden im Sande mit Dammerde.)

III. Auf feuchtem Boden.

A. In Sand mit Dammerde.

a. Laubholz.

1. *Acer* rubrum. Der Nordamerikan. silberblättrige Ahorn.
2. — saccharinum. Nordamer. Zucker-Ahorn.
3. — Negundo. Nordamerikan. eschenblättrige Ahorn.
4. *Liriodendron* Tulipifera. Nordam. Tulpenbaum.

b. Nadelholz.

1. *Pinus* palustris. Die Nordamerikan. Sumpfkiefer (beschützt.

B. In Lehm mit Dammerde.

a. Laubholz.

1. *Platanus* orientalis. Der morgenländische Platanus; Kleiderbaum.
2. —— hispanicus Spanische Platanus, mit schmalen Blättern.
3. *Taxus* baccata. Eibenbaum; Taxus. (Der Eibenbaum gehört, ungeachtet der Aehnlichkeit, nicht, wie einige angegeben haben, unter die Nadelhölzer, denn er enthält keine harzigen Säfte.)

b. Nadelholz.

1. *Pinus* Sibirica (Pallas). Die Sibirische Fichte.

Alle vorstehenden Arten kann man entweder als dreijährige Saatpflanzen an den Ort ihrer Bestimmung pflanzen, oder sie werden als solche, oder aus Ablegern und Stecklingen in der Baumschule erzogen, und in verschiedener Größe und Stärke ins Freie ausgepflanzet, wie es die Umstände eines Jeden gestatten und erheischen.

§. 115.

Ueber die Entfernung solcher Stämme nach verschiedenen Absichten.

Die Weite, in welcher solche Bäume ausgepflanzt werden müssen, richtet sich nach den verschiedenen Absichten, und nach dem gewöhnlichen Wachsthume einer jeden Art.

Die Nußbäume, Eichen, Roßkastanien, Linden, Ulmen, Hornbäume, Tulpenbäume, Platanen, bilden breitere Kronen, und man setzt sie daher auf alle Fälle weitläufiger als die übrigen ein — deren Aeste gedrungener am Stamme wachsen.

Bei den Forstanlagen ist die Frage: ob solche gleich der Benuzung wegen, oder um Saamenbäume zu erziehen, gemacht werden?

Ist das erstere, so erfordert der Wuchs ins Holz einen dichtern Stand; ist aber das leztere, so können die Bäume nicht weitläufig genug stehen, damit sie sich recht ausbreiten, nicht so sehr in die Höhe wachsen, und folglich eher, auch öfter saamentragend werden, der Saame auch der Luft und Sonne genieße, und dadurch zu seiner Vollkommenheit und Reife gelangen möge. Bei den Weiden, Pappeln, Platanen und Eichenbäumen würde es aber nicht rathsam seyn, Saamenbäume zu ziehen, da solche weit sicherer und geschwinder durch Ableger und Stecklinge erzogen und vermehrt werden können.

Bei Anlegung neuer Alleen, Esplanaden, und für die schöne Gärtnerei überhaupt, sieht man immer auf ansehnliche Stämme, und erwartet nicht gern das Heranwachsen auf der Stelle. Die Bäume müssen folglich in der Baumschule in solche Umstände gebracht werden, daß sie schon groß, und mit Sicherheit ausgepflanzet werden können.

Es verunstaltet dergleichen Lustpflanzungen nichts mehr, als wenn die Bäume zu dichte stehen; dieser Fehler wird aber nur allzu oft bei der Anlage, aus Mangel an richtiger Voraussehung in die Zukunft, begangen.

Es schmeichelt, in den ersten Jahren eine Pflanzung dicht zu sehen; es bringt aber den Nachtheil und den Uebelstand für mehr als ein Menschenalter mit sich, daß nähmlich alles in einander verwächst, die untern Zweige vergehen, verdämmt werden, folglich den Spatziergehenden — nichts, als die Aussicht in einen gleichsam dürren Wald, eine dumpfige Luft — und anstatt der Rasenplätze und der dazwischen eingepflanzten schönen Gesträuche — eine Moßdecke verbleibt.

Es hält in der Folge, nach näherer Erkenntniß dieses Uebels — sehr schwer, daß ein Gartenbesitzer sich bequemen sollte, seine Zöglinge auszuhauen, und dabei die Nachbaren zu beschädigen. Das Ausheben und Versetzen allzu großer, zu lange auf einer Stelle gestandenen Bäume ist aber auch sehr mißlich, und kostbar. Der Uebelstand verbleibt also gewöhnlich, wenn der Fehler bei der ersten Anlage begangen worden ist.

Besonders verursachen die Nadelhölzer solchergestalt den ärgsten Mißstand durch ihre absterbenden untern Aeste. Das schöne reizende Grün verschwindet in die Höhe, und dem Auge bleibt nichts, als die kahlen Stämme mit Moß und Flechten bedeckt.

So nothwendig also das Dichtpflanzen bei Forstanstalten ist, so unangemessen ist es der Absicht bei Gärten und Spatziergängen.

§. 116.

Ueber Geschäfte und Kosten dabei. Anweisung zur Pflanzung ganz großer erwachsener Bäume.

Die **Pflanzungsgeschäfte** selbst sind mit den bei den Bauhölzern bereits abgehandelten gleich; insofern aber noch größere Stämme ausgepflanzet werden sollen, so vermehrt es allerdings die Arbeit und **Kosten**.

Die ganz großen Stämme, welche zur Ausbesserung der ältern Alleen und Esplanaden nachgesetzt werden müssen, verursachen die mehresten Schwierigkeiten, wenn man vom guten Erfolge gewiß versichert seyn will. Denn

1) fehlt es gewöhnlich an dergleichen Bäumen selbst, die hierzu gehörig erzogen seyn sollten;
2) verursacht es viele Kosten, wenn solche weit hergeholet werden müssen; und
3) ist das Fortkommen höchst ungewiß, wenn nicht mit vieler Vorsicht zu Werke gegangen wird.

Diese Vorsicht besteht vornehmlich in der Wahl der Jahrszeit. Am besten werden im Winter bei offenem Wetter solche Bäume, die zur Erziehung dienen sollen, und schon einmal verpflanzt gewesen seyn müssen, sehr weitläufig und tief mit scharfen Spaden umgraben, dabei die zu weit herauslaufenden Wurzeln mit scharfen Beilen gestutzt. Man begießt sodann den großen Ballen Erde mit vielem

Wasser, welches sich aus dem Graben, unter und um die Wurzeln einziehen wird.

Wenn hierauf scharfer Frost einfällt, so wird der Baum mit allen innerhalb des Grabens befindlichen Wurzeln, welche nunmehr an die Erde fest angefroren sind, behutsam ausgearbeitet, und die Mittagsseite bezeichnet.

Aus Noth gedrungen, müssen jetzt die Zweige stark eingestutzt werden, weil keine Art von Befestigung hinreichend seyn würde, den mit einem ansehnlichen Haupte, verhältnißmäßig aber nur mit kurzen Wurzeln versehenen, und wenig in der Erde befestigten Stamm, gegen die Sturmwinde aufrecht zu erhalten, und weil ferner beim Aufladen und Transport, die schwanken, spröden Aeste doch ohnehin abbrechen würden. Der Baum wird alsdann mit sammt dem Erdballen an die Stelle gefahren, wohin er gepflanzt werden soll, und gleich beim Abladen in das Loch gebracht, welches so groß gemacht seyn muß, daß der am Baum befindliche Ballen so eben darin Platz habe.

Man windet den Stamm in die Höhe, und giebt ihm durch Drehen und Wenden zugleich die Richtung nach der Himmelsgegend, wie er vorher gestanden hat, weil ein so alter Baum bereits von außen verwöhnt worden ist, deswegen auch an der einen Seite schon mehr Holz als auf der andern angesetzt hat.

Nach der Größe des Baumes werden zwei starke Pfeiler auf 5 Fuß vom Stamme ab (zu beiden Seiten, in der Linie vom Morgen gegen Abend) tief eingegraben, welches man schon vorher, noch bei offenem Wetter, nebst der ungefähren fahren Aufwerfung des Loches bewirkt. An den einen, über der Erde etwa 10 Fuß langen Pfeiler wird ein der Dauer wegen gepichtes Seil oben befestigt, solches in eben der Höhe (horizontal) um den Baum geschlagen, an dessen Rinde etwas Lumpen untergefüttert werden, um das Reiben zu verhüten. Das Seil wird wieder an dem Pfeiler gefangen und befestigt. Am andern Pfeiler geschieht ein gleiches mit einem andern Seile, und dem Baume wird hierbei zugleich die Richtung etwas gegen Abend gegeben, weil jeder frei stehender Baum von dem Winde ohnehin aus seiner vertikalen Richtung nach der Morgenseite geneigt wird. Man bringt hierauf lockere Erde zwischen den Ballen und den Rand des Loches (welche beim Froste zuweilen schwer zu erhalten ist). Man gießt hierauf so viel Wasser hinzu, als das Loch zu fassen vermag; stößt die Zwischenräume mit einem Pfahle nach und nach fest, und läßt alles mit einander gefrieren

Zu anderer Zeit, bei offenem Wetter, wird gleich mehrere Erde über die Wurzel des Baumes gebracht; sie liegt bereit, weil der Auswurf nicht wieder im Loche Platz gefunden hat. Von dieser Erde wird ein Hügel über die Fuge des Ballens und Bandes gebildet, so daß in der Mitte ein Kessel — zum nöthigen Begießen, und um den Baum nicht tiefer zu bringen, als er vorher gestanden hat — verbleibt.

In diesem Zustande läßt man den Baum, bis man dessen gutes Fortkommen durch wiederholtes frisches Treiben gewahr wird.

Wenn solches erfolgt ist, wird der Platz unter dem Baume wieder planirt, damit die nun durch den Rand des Loches muthig durchgewachsenen Wurzeln — sich gehörig nach der Oberfläche des Bodens ausbreiten, und die ihnen gebührende Nahrung daraus ziehen können.

Der Stamm erlangt in 3 bis 4 Jahren für sich selbst so viel Befestigung, daß er der bisher zur Hältniß erforderlichen Säulen, welche kein gutes Ansehen in der Allee verursachen, nicht mehr bedarf.

§. 117.

Bestimmung der Holzarten, die bei uns zu kleinen Bäumen erwachsen.

Von den vorstehenden großen Baumarten zeichnen sich durch einen viel geringern Wuchs noch manche Bäumchen in Deutschland aus. Außer geringer Benutzung ihres Holzes, und außer zu Hecken und Englischen Gärten, wohin sie, wegen der Mannichfaltigkeit und ihres zum Theil schönen und fremden Ansehens, gehören, — haben sie bis jetzt noch wenig Verdienste.

Da sie indessen aber sämmtlich unter unserm Klima im Freien gedeihen, wenn einige unter ihnen — bei welchen es bemerket wird — eine etwas vorsichtige Erziehung und beschützen Stand erhalten: so gehöret ihre Kenntniß und Behandlung - allerdings zum Gegenstand des deutschen Plantagenwesens und der Lustgärtnerey.

Bäumchen, von gewöhnlich geringer Größe, gedeihen in Deutschland:

I. Auf trockenem Boden.

A. In Sand mit Dammerde vermischt.

B. In Lehm mit Dammerde vermischt.

a) Laubholz.

1. *Acer* hispanicum. Spanischer Maßholder	in beschützter Lage.
2. — Opalus. Italienischer Ahorn.	
3. *Aesculus* Pavia Die Carolinische rothblühende Roßkastanie.	
4. *Aesculus* Pavia flore luteo. Carolinische gelbblühende Roßkastanie.	
5. *Bignonia* Catalpa. Trompeten-Blumenbaum.	
6. *Celtis* occidentalis. Nordamerikan. Nesselbaum.	
7. *Cercis* Siliquastrum. Orientalischer Judasbaum.	
8 — canadensis Nordamerikan. Judasbaum.	

9. *Crataegus* alpina. Schmalblättriger Mehlbaum.

10. *Cytisus* alpinus (*Cytisus* Laburnum var.) Schmalblättriger Linsenbaum.

11. *Prunus* caroliniana Caroliner Traubenkirsche.

10. *Prunus* Lauro - cerasus. Lorbeerkirsche. } beschützt.
13. *Robinia* hispida. Rothblühende Acacie. }

Nadelholz.

1. *Juniperus* Sibirica. Der Sibirische Wachholder.
2. —— thurifera. Weyrauch=Wachholder. Die spanische Ceder; und
3. *Pinus* montana. Die Krummholzkiefer.

(Diese Sorten vertragen auch eine sandige Beimischung. Alle vorstehenden würden auch auf folgenden Boden wachsen. Die etwas zärtlichern Arten dürften aber in etwas feuchtem Boden bei uns vom Froste leiden. Man muß sie also auf trocknern bringen, damit ihre Vegetation vor Eintritt der Kälte geendet sey.)

II. Auf gemäßigtem frischen Boden.

A. In Sand mit Dammerde.

a) Laubholz.

1. *Acer* monspessulanum. Ahorn von Montpellier.
2. — laciniatum. Ahorn mit tief eingeschnittenen Blättern.
3. *Betula* pumila. Nordamerikanische niedrige Birke.
4. *Cornus* florida. Der Nordamerikan. rothbeerige Hartriegel.

5. *Crataegus* coccinea. Nordamerik. großer stachlichter Weißdorn.
6. *Fagus* sylvatica fol. atro-purpureis. Die rothe Büche, Blutbüche.
7. — latifolia. Nordamerikan. breitblättrige Büche.
8. *Gleditsia* triacanthos. Dreidornige Gleditschie, Wasseracacie.
9. — inermis. Gleditschie ohne Stacheln.
10. — horrida. Orientalische Gleditschie.

(8–10: beschützt.)

11. *Mespilus* cuneifolia (Ehrhard.) (*Crataegus* punctata Willd.) Nordamerikanischer Hahnsporndorn.
12. *Ptelea* trifoliata. Nordamerikanischer Kleebaum.
13. *Rhamnus* catharticus. Gemeiner Kreuzdorn.

b) Nadelholz.

1. *Juniperus* canadensis. Canadischer Wachholder.

B. In Lehm mit Dammerde.

a) Laubholz.

1. *Acer* striatum. Nordamerik. gestreifter Ahorn.
2. *Buxus* sempervirens. Buxbaum.
3. *Eleagnus* angustifolia. Wilder Oelbaum. (Beschützt.)
4. *Evonymus* europaeus. Gemeines Pfaffenhütchen.

5. *Evonymus* latifolius (Scopoli) Breitblättriges Pfaffenhütchen.
6. —— verrucosus. Warziges Pfaffenhütchen.
7. —— atro-purpureus Rothbraunes Pfaffenhütchen.
8. *Quercus* nigra. Nordamerik. schwarze Eiche, und die übrigen aufgeführten fremden Eichenarten.
9. *Robinia* Caragana. Sibirischer Erbsenbaum.
10. *Ulmus* pumila. Zwerg-Ulme.

b) Nadelholz.

1. *Thuja* orientalis. Morgenländischer Lebensbaum. (beschützt).

III. Auf feuchtem Boden:

A. In Sand mit Dammerde.

a) Laubholz.

1. *Betula* Alnus laciniata. Die Lappen-Eller.
2. — — rugosa. Nordamerik. Hasel Eller.
3. *Liquidambar* styraciflua. Ahornblätter. Amberbaum; Storax.

b) Nadelholz.

1. *Cupressus* disticha. Virgin. Cypresse mit abfallenden Nadeln (beschützt).
2. — thyoides. Weiße Ceder.

B. In Lehm mit Dammerde:

(alle vorstehenden Laubholzarten) ferner:

a) Laubholz.

1. *Ilex* Aquifolium. Hülsen; Stechpalpalme (beschützt).

Verschiedene der vorstehenden Bäumchen erscheinen auch öfters buschartig, und gehen in die Sträuche über; so wie verschiedenen Sträuchen ein baumartiges Ansehen, durch Kultur gegeben werden kann.

Dahingegen erwachsen auch manche in ihren Vaterländern zu den ansehnlichsten Baustämmen: als die schwarze Eiche, der Morgenländische Lebensbaum, der Storax und die weiße Ceder — welche bei uns nur geringe Bäumchen abgeben. Man würde sich also sehr irren, wenn man durch die Berichte der Reisebeschreiber sich verleiten lassen, und dergleichen gerühmte Holzarten bei uns — um ungeheuere Stämme davon zu erziehen, im Großen anbauen wollte.

Diejenigen, bei welchen beschützt angemerket ist, bezeigen sich in den nördlichen Gegenden Deutschlands etwas zärtlich; und müssen, besonders in der Jugend — nicht beschnitten, und nie im Herbste verpflanzt werden. Bei der Auspflanzung hat man dahin zu sehen, daß sie nicht auf die Mittagseite der Anhöhen kommen, und sie müssen gegen die kalten Ostwinde — entweder durch Berge, hohes Holz, oder Gebäude und Mauern beschützt seyn.

Die Geschäfte und Kosten bei der Anpflanzung sind mit den, welche ich in Absicht der Bäuhölzer (§. 113.) beschrieben habe, ganz gleich; und da diese Holzarten fast lediglich nur für die Lustgebüsche gehören, so ist wegen der Weite, in welcher sie aus einander kommen sollen, zu bemerken, daß die ansehnlichsten unter ihnen sich höchstens nur auf sechs Fuß im Durchmesser ausbreiten.

Es kommt hierbei nur darauf an:

a) ob bloß dergleichen Bäumchen, oder diese —

b) mit Gesträuchen untermengt

in die Partien gepflanzet werden sollen.

Will man also nur obige Bäumchen besonders setzen, so dürften 12 Fuß die rechte Entfernung seyn.

Nach und nach werden die herunterhangenden und die Gänge versperrenden Zweige abgenommen, und die Kronen kommen mit der Zeit kaum nur so eben zusammen.

Sollen aber Gesträuche mit darunter gesetzt werden, so würden 12 Fuß zu dichte seyn; man hat also die Bäumchen 18 Fuß im Verband aus einander zu setzen, und ins Quinconce einen Strauch zu pflanzen.

Solchergestalt werden bei der Anlage die Fehler vermieden werden, von welchen ich §. 115. mit Mehrerem gehandelt habe.

§. 118.

Von Pflanzung der Lustgebüsche überhaupt.

In die **Lustgebüsche** (Bosquets), Klumps, gehören die schönen und seltenen Sträuche; auch die gemeinsten werden die Mannichfaltigkeit mit vermehren, und bei guter Stellung gewiß keine Pflanzung schänden.

Es schicken sich demnach auch alle diejenigen Holzarten da hinein, welche bisher nicht angeführt worden sind, und im folgenden Hauptverzeichnisse vorkommen werden. Dahin gehören auch die Varietäten und scheckigen Spielarten der Bäume und Sträuche überhaupt, von welchen, in so fern es nicht die verschiedenen Obstsorten betrifft, — bis jetzt — sonst kein besonderer ökonomischer Gebrauch zu machen seyn dürfte.

Alle dergleichen Sträuche werden nach baumschulmäßiger Erziehung in englische Parrien gepflanzt, und sollen ein Dickig bilden, ohne jedoch sich einander zu unterdrücken.

Man hat daher bei der Anlage darauf zu sehen:

1) daß sie nicht zu dichte gepflanzt werden;
2) die höher und sperrhafter wachsenden nicht die halben und Erdsträuche verstecken;
3) daß der anfänglich zu viel scheinende Raum lieber mit Staudengewächsen und hochstämmigen jährlichen Blumen ausgefüllt werde.

Es gehört nicht hierher, von der Stellung derselben gegen einander zu handeln, da solches die **Theorie der schönen Gartenkunst** begreifet, die ein eigenes weitläufiges Fach ausmacht, welches mit Nachdenken studiert, und mit Geschmack angewendet werden muß.

§. 119.
Von Obstplantagen überhaupt.

Unter **Obststämme** zähle ich alle diejenigen Bäume und Sträuche, welche entweder als Stammarten, oder als Varietäten, ihrer genießbaren Früchte oder Saamen wegen, erzogen und ausgepflanzt werden. Die Wichtigkeit ihres Anbaues ist schon zur Genüge gezeigt worden, und es wäre zu wünschen, daß sich Mehrere mit deren Erziehung thätigst beschäftigen möchten.

Bei der Obstbaumzucht muß man die Urarten von den Abänderungen und Spielarten gehörig unterhalten können, um die ersteren aus dem Saamen, die andern aber auf allerlei bereits abgehandelte künstliche Methoden fortpflanzen, und neue Abänderungen erlangen zu können. Alles Dinge, die nur sehr selten von gemeinen Gärtnern eingesehen werden, welche gewohnt sind, nach dem erlernten Schlendrian zu arbeiten, ohne Ursachen und Wirkungen zu verstehen.

Die **Lehre von den Obstgeschlechtern**, Arten, Abarten und Spielarten, ist äußerst wichtig, indem die ganze natürliche und künstliche Vermehrung darauf beruhet: — also die Aehnlichkeiten und Verwandtschaften erklärt, welche die Verbindung bei der Veredelung der Sorten begünstigen.

Wir zählen in Deutschland folgende Pflanzen-Geschlechter, aus welchen mancherlei Arten, Abarten und Spielarten als Obststämme gedeihen.

1) *Amygdalus.* Begreift — Mandeln, sowohl süße als bittere, und die Pfirsichen. Dieses Geschlecht ist mit dem Pflaumenbaum zunächst verwandt — und beide nehmen sich einander bei der künstlichen Vermehrung an.

2) *Cornus.* Die Korneelkirsche ist die einzige Art dieses Geschlechtes, welche ein eßbares Obst liefert.

3) *Corylus.* Alle Arten dieses Geschlechts bringen theils größere, theils kleinere Haselnüsse. Sie nehmen sich einander an, werden aber am sichersten durch Ableger vermehrt. Eine Plantage von Zellernüssen ist die allereinträglichste; da ein Morgen Landes jährlich im Durchschnitt auf 100 Thaler benutzt werden kann.

4) *Crataegus.* Außer dem Elzbeerbaum wird eben wohl keine Art dieses Geschlechts unmittelbar als Obstbaum betrachtet. Ihre nahe Verwandschaft mit den Geschlechtern Pyrus und Melspilus macht aber, daß die Stämme dieser Arten, jene, in Absicht der Franzbäume, annehmen; daher auch die Vermehrung auf Weißdornstämme sehr stark getrieben wird. Der Elzbeerbaum läßt sich

auch sehr leicht auf den Vogelbeerbaum pfropfen und kopuliren.

5) *Fagus Castanea.* Aus dem Saamen fällt die gewöhnliche kleine süße Kastanie. Um die großen Maronen zu ziehen, müssen die Stämme durchs Pfropfen u. Okuliren mit Maronenreisern veredelt werden.

6) *Juglans.* Die gemeine Wallnuß bringt verschiedene Spielarten, welche ebenfalls künstlich fortgesetzt werden.

Die Amerikanischen Wallnüsse, die Hickory ausgenommen, haben zu harte Schalen und zu kleine Kerne, als daß sie unter die Fruchtbäume gezählt werden könnten.

7) *Mespilus.* Die Mispel (gemeine) bringt die Varietäten mit großen Früchten und mit Früchten ohne Kerne. Sie werden entweder unter und auf einander selbst fortgepflanzet, oder es werden dazu Birn- oder Weißdornstämme genommen, die sich nach No. 4. auch dazu schicken.

8) *Morus.* Der schwarze Maulbeerbaum ist Urart, und bleibt sich bei der Aussaat beständig gleich; die übrigen Arten sind nicht als Obstbäume zu betrachten, da sie vornehmlich ihrer Blätter wegen, zum Betrieb des Seidenbaues gezogen werden.

9) *Prunus.* Dieses Geschlecht begreift sehr viele Gattungen, Arten, Ab- und Spielarten. Zuvörderst ist —

a. Prunus domestica. Der Pflaumenbaum, der erste aus der Pflaumengattung; er nimmt die übrigen Sorten, und auch die Mandeln und folgende Aprikosen an.

b. Prunus Armeniaca. Der Aprikosenbaum hat seine eigenen Abarten.

c. Prunus avium. Der Vogelkirschenbaum als Hauptart zur Annahme aller süßen und Herzkirschen geschickt.

d. Prunus Cerasus. Der Sauer-Kirschbaum; für alle Sauer-Kirschsorten.

Der Schleedorn und die Traubenkirschen, so wie die Lorbeerkirschen, gehören zwar auch in dieses Geschlecht; sie sind aber nicht wohl als Obstbäume zu betrachten.

10. *Pyrus* Dieses Geschlecht begreift auch viele Gattungen, Arten, Ab- und Spielarten.

a. Pyrus Pyraster. Der Holzbirnbaum; ist die aus dem Saamen zu vermehrende Hauptart dieser Gattung; sie nimmt alle andere Birnen, die Quitten und Mispeln an.

b. Pyrus Malus sylvestris. Der Holzapfel; pflanzt sich aus dem Saamen fort, und nimmt alle Aepfelarten und Spielarten an.

Die letztern geben immer wieder andere Varietäten aus dem Saamen, und daher entstehen die neuen

Sorten, wenn man die Fruchtbringung der jungen glatten Stämme (ohne Dornen) abwarten, und sie nicht eher als nach solcher Beobachtung pfropfen will.

c. Pyrus Cydonia. Der Quittenstamm, mit runder oder mit rundlicher Frucht. Sie bleiben aus dem Saamen beständig; nehmen auch die Birnen, Aepfel und Mispeln an.

11) *Ribes* Dieses Geschlecht begreift die mancherlei Arten Johannis- und Stachelbeeren, welche sich aus dem Saamen, aus Ablegern und Stecklingen häufigst vermehren lassen.

12) *Sorbus.* Nur eine Art dieses Geschlechtes, der Spierlingsbaum, bringt eßbare, und im Geschmack den Mispeln ähnliche Früchte. Alle Arten des Geschlechts nehmen diesen, die Birnen, Aepfel und Mispeln sehr gern an. Auch habe ich bei No. 4. die Annahme des Elzbeerbaumes schon angeführt.

Wer mit dieser Theorie angethan ist, der wird seiner Fruchtbaumzucht die gehörige Richtung geben können, und seinen Fleiß durch guten Erfolg der Unternehmungen reichlich belohnt sehen.

Dergleichen mannichfaltige Obstarten werden nach geschehener Baumschulen-Erziehung in die Gärten ausgepflanzt.

Da die Frucht die alleinige Absicht ist, so müssen die Bäume dergestalt gepflanzt werden, daß sie weitläufig genug stehen, um Sonne, Luft und Regen überall genießen zu können.

Die Obstbäume vertragen wohl Unterfrüchte, leiden aber nichts über sich. Man darf daher nicht die hochwachsenden und sich ausbreitenden Welschen-Nußbäume mit den andern Obstbäumen untermengen.

Es ist sehr gut, wenn man Gelegenheit hat, jede **Obstart** besonders zusammen zu pflanzen, und wenn nicht alles unter einander gemischt werden muß.

Die Geschäfte und Kosten der Auspflanzung sind mit den nach §. 107 – 113. gleich.

§. 120.
Bestimmung der Masthölzer überhaupt.

Außer vorangezeigten Obstbäumen bringen noch andere Holzarten-Früchte und Saamen, welche zur **Viehmästung** angewendet werden können, wodurch also jährlich gar viel an Getreide zu ersparen ist.

Die Anpflanzung dergleichen **Masthölzer** ist äußerst wichtig, zumahl da die mehresten auch noch insbesondere wegen ihres Holzes selbst, zu andern Nebennutzungen — schätzbar, und zum Theil schon vorgekommen sind.

Die verfeinerten Obstarten würden ebenfalls dazu dienen, wenn ihre Früchte nicht zugleich Nahrungsmittel für die Menschen wären, und folglich höher angebracht und genutzt werden könnten.

Ich theile die Mast von Bäumen und Sträuchen überhaupt ein, in —

1) Eichelartige.
2) Obstartige.
3) Nußartige.
4) Erbsenartige.

Dergleichen Früchte oder Saamen müssen von der Beschaffenheit seyn, daß sie von mancherlei zahmen und wilden Thieren, uns zum Vortheil, gefressen, und diese dadurch fett werden. Damit aber viel und öfters Mast erfolgen möge: so müssen die Stämme einzeln stehen, und wie Obstbäume erzogen worden seyn.

§. 121.

Von eichelartigen Masthölzern.

Da die eigentliche Eichelmast die allervorzüglichste für die mehresten zu mästenden Thiere ist, so fange ich mit dieser an.

Unter unserm Klima gedeihen besonders —

1) *Quercus* Robur. Die Traubeneiche; Wintereiche.
2) — foemina oder pedunculata. Die Stieleiche, Sommereiche.
3) — rubra Die Nordamerikanische Scharlacheiche.
4. — Prinus. Die Nordamerikanische kastanienblättrige Eiche.

5) *Quer-*

5. *Quercus* Cerris. Die Cerreiche (im milden Klima.)

Diesen sind ähnlich

6) *Fagus* sylvatica. Die Mastbüche, Rothbüche.

7) — latifolia. Nordamerikan. breitblättrige Büche.

8) — pumila. Nordamerik. Zwerg-Kastanie.

Ferner:

9) *Aesculus* Hippocastanum Roßkastanie.

Alle diese Saamen geben sowohl insbesondere, als zusammen, eine sehr gute nahrhafte Mast ab.

§. 122.

Von obstartigen Masthölzern.

Außer den feinen und gemeinen Obstsorten mästen die Früchte vom

1) *Crataegus* Aria. Mehlbaum.

2) — coccinea. Nordamerikan. großen Weißdorn.

3) *Pyrus* arbutifolia. Nordamerikan. erdbeerbaumblättriger Birnstrauch.

4) *Mespilus* cuneifolia (*Crataegus* punctata Willd.). Nordamerik. Hahnsporendorn.

§. 123.

Von nußartigen Masthölzern.

Die Welschen Nüsse, Lambertnüsse und dergleichen, sind unter dem genießbaren Obste schon mit aufgeführt, und es verbleiben daher nachstehende Nüsse — bloß zur Mast.

1) *Juglans* alba. Die Nordamerik. weiße Wallnuß (Hickory-Nuß).

2) *Corylus* Avellana. Die gemeine Haselnuß.

3) — cornuta. Die Nordamerikanische gehörnte Haselnuß.

4) — arborescens. Der Nordamerik. Haselbaum.

5) *Pinus* Cembra. Die Russische Zirbel-Kiefer.

Alle diese Nüsse werden von den zahmen und wilden Schweinen sehr begierig gesucht.

§. 124.

Von erbsenartigen Masthölzern.

Alle erbsentragende Bäume und Sträuche liefern eine nahrhafte und sehr leckere Mast. Sie tragen nicht nur alle so reichlich Saamen, daß es sich der Mühe belohnen sollte, darauf zu rechnen. Vorzüglich aber gerathen bei uns öfters in Menge —

1) *Cytisus* Laburnum. Der breitblättrige Linsenbaum.

2) — alpinus (*Cytisus* Laburnum var.) Der schmalblättrige Linsenbaum.

3) *Robinia* Pseudo-acacia. Der Virginische Schotendorn, oder die weißblühende Acacie.

4) *Robinia* Caragana. Der Sibirische Erbsenstrauch.

§. 125.

Von einheimischen und fremden Holzarten, welche in Deutschland (außer dem eigentlichen Bau- und Brennholze) rohe Produkte für das Kommerzwesen liefern.

Außer den obigen Benutzungen mannichfaltiger Holzarten, bieten uns deren sehr viele, noch mancherlei Nebennutzungen dar, die zum Theil als Hauptnutzungen angesehen werden können, und allein schon hinreichend bewegend seyn sollten, die mögliche Gewinnung so vieler roher Produkte im Lande nicht zu vernachlässigen.

Durch den Anbau — die zweckmäßige Nutzung und tüchtige Verfeinerung derselben — ersparen wir das für so unentbehrliche Bedürfnisse ausgehende Geld, und gewinnen das fremde, insofern wir dergleichen Waaren verführen können. Wir bereichern also dadurch den Staat, und bringen so manchen schlafenden Nahrungszweig empor.

Viel fremde, nicht eigentlich ursprünglich deutsche Holzarten, sind bereits schon im Kleinen naturalisiret, oder doch dazu geschickt, und werden die daran gewendete Mühe und Kosten reichlich belohnen.

Um aber mit gutem Erfolge zu Werke gehen zu können, muß man die Eigenschaften derselben genau kennen, und aus deutscher Erfahrung und vorsichtigen Versuchen überzeugt seyn, — welche bei uns den Absichten mit Nutzen entsprechen können. So berühmt der Oelbaum, der Brodbaum, Mahagonibaum und manche andere Holzarten mehr sind, so vergeblich würde deren Anpflanzung bei uns seyn. Nichts desto weniger sind wir reichlich entschädigt, und es liegt nur an uns, diejenigen kennen zu lernen und zu erziehen, welche sich für unser Klima und unsere Bedürfnisse schicken; dadurch aber würden die Manufakturen und Fabriken insbesondere, so wie das ganze Kommerzwesen überhaupt, ansehnliche Sprünge thun.

Diese Betrachtung ist also ein wichtiger Gegenstand des Finanzwesens, und verdient die Aufmerksamkeit der Deutschen Regenten um so mehr, als die wenigsten Länder sich bis jetzt der hinreichenden, möglichen Erziehung, Gewinnung und Verfeinerung so vielerlei Produkte, noch viel weniger aber der nützlichen Ausführung derselben — erfreuen können.

Es fehlt durchgehends an einer Uebersicht des Ganzen in diesem Fache. Ich glaube also weder Undank zu verdienen, noch dieses Werkchen zu entstellen, wenn ich mich gegenwärtig bemühe, diejenigen Holzarten in einer Ordnung aufzuführen, durch welche die möglichen Benutzungen, mit Ausschließung — sowohl der unmöglichen, als der schon vorgekommenen — erlernet werden können.

§. 126.

Eintheilung der Holzarten nach den Produkten, welche sie für das Kommerzwesen liefern.

Was vom Bauholz, großen und kleinen Baumholze, und von den Straucharten — in Absicht der **Nutzung** auf Holz, zu Bau-, Nutz-, Brenn- und Kohlholz aufzuführen war, — ist, so wie die **Fruchtbaum-Nutzung** und die der **Masthölzer**, bereits abgehandelt, und zur beliebigen Beherzigung gegeben; auch sind diejenigen Holzarten nicht vergessen worden, welche sich zur **Befriedigung** landwirthschaftlicher Grundstücke (zu lebendigen Zäunen) für uns schicken; sogar solche Holzarten, die bis jetzt noch bloße **Zierde** der Pflanzungen und Gärten, folglich nur als Gegenstände des Vergnügens und des **Plantagenhandels** betrachtet werden dürfen, sind in dem Vorhergehenden hinlänglich berührt worden. Es ist also noch übrig, von denjenigen ausführlich zu handeln, die in **Absicht** der **Manufakturen**, **Fabriken**, und folglich des **Kommerzwesens**, noch besondere Nutzungen gewähren, und daher angebaut zu werden verdienen.

Ich theile solche sämmtlich nach den **Produkten** ein, welche sie

1) als **Manufakturbedürfnisse**:
   a) zum **Gärben**,
   b) zum **Färben**,
   c) zum **Seidenbau und zur Spinnerei**.

d) zur Flechtarbeit;

2) als Fabrikenbedürfnisse, und

3) als Materialwaaren liefern. Nach welcher übersichtlichen Ordnung ich sie mit Anführung ihres Gebrauches sogleich aufstellen, den besondern sichern Anbau einer jeden Art aber, um Wiederholungen zu vermeiden, im zweiten Theile vortragen werde.

§. 127.

Von den Holzarten, welche Produkte zum Gärben liefern.

Die Untersuchung ist in der That sehr wichtig, ob die zur Bereitung mancherlei Leder erforderlichen Gärbemittel mit beständigem Nachhalt in einem Lande vorhanden seyn möchten; besonders muß jedem militärischen Staate sehr viel hieran gelegen seyn.

Alte hergebrachte Gewohnheit und Vorurtheile haben sich wider die Nachahmung nützlicher Versuche gesetzt, — mit andern, als Holzgewächsen zu gärben; und der immer seltener werdenden Eichenbaumlohe — andere, — in mancher Absicht eben so taugliche Produkte unterzuschieben.

Nur alsdann, wenn die alten Eichen in Deutschland ganz zu Ende seyn werden, wird man zu spät anfangen, mit Ernst auf andere Gärbemittel zu denken, die jetzt mit Füßen getreten, und aus Eigensinn verworfen werden. An einem andern Orte handle ich hierüber ausführlicher, und den Gebrauch derjenigen Gärbemittel, die außer den Holzarten — in Menge vorhanden sind *). Hier aber werde ich bloß bei diesen stehen bleiben, und diejenigen Holzarten nennen, von welchen man sich verschiedener Stücke und Theile zum Garmachen der Leder bedienen kann.

1) *Betula* alba Linn. Die gemeine Birke.

2) — lenta. Nordamerik. zähe Birke.

3) — nigra. Nordamerikan. schwarze Birke.

4) — papyrifera (Gordon). Papier-Birke.

5) — lanceolata (Loddiges). Lanzenblättrige Birke.

Von allen diesen Birkenarten wird die Rinde mit gleich gutem Erfolge — entweder allein, oder mit Vermengung unter die Eichenlohe — zu Sohlen- und Oberleder angewendet. Die Rinde der gemeinen Birke gibt auch ein empyrevmatisches Oel, welches in Rußland zur Bereitung des Juchtenleders mit gebraucht wird.

6) *Fagus* sylvatica. Die Mastbüche (Rothbüche).

7) — latifolia. Nordamerikan. breitblättrige Büche.

Deren Fruchtkapseln und Blätter sind so gut als Eichenlohe, und

8) *Ledum* palustre. Kühnpost.

*) v. Burgsdorf Versuch einer vollständigen Geschichte vorzüglicher Holzarten rc. II. Theil von den Eichenarten, zweiter Band.

9) *Myrica* Gale. Gärbermyrthe; Gagel. Dieser kleinen, leicht zu vermehrenden, und an manchen Orten sehr häufig wachsenden Sträuche bedienen sich die Gärber zur Bereitung der Oberleder und schwachen Felle überhaupt.

10) *Pinus* Abies L. Die gemeine Fichte (Roth-Tanne). Davon wird die Rinde zu Lohe gestampft, und dient zum Garmachen des Sohlen- und Oberleders.

Eben dergleichen Dienste müssen die mit ihr so nahe verwandten

11) — canadensis, Nordamerikan. weiße Fichte, und

12) — mariana, Nordamerik. schwarze Fichte leisten *). Ferner

13) *Quercus* Robur. Die Traubeneiche (Wintereiche.)

14) — foemina. Stieleiche (Sommer-Eiche).

15) — rubra. Nordamerik. Scharlacheiche.

16) — Prinus. ——— kastanienblättrige Eiche.

17) — alba. ——— weiße Eiche.

18) — Cerris. Cerreiche.

Von allen diesen in Deutschland fortkommenden Eichenarten ist die Rinde gleich gut, und alle Theile

*) Nach du Hamel wird auch die Rinde des Lerchenbaums zum Gärben gebraucht.

der Eichen sind, wegen ihrer zusammenziehenden Säfte, zum Gärben geschickt. Sogar die Sägespäne in Menge, vertreten die Stelle der Rindenlohe.

Die Eichen liefern zugleich die **Gallen** und die **Gallenknoppern**, auf welchen nur in den allersüdlichsten Gegenden von Deutschland gerechnet werden kann *).

In Absicht der Gärberey sind die Eichenrindenschläge, zur Ersparung des hohen Baumholzes sehr zu empfehlen. Ich habe von deren Anlegung und Benutzung unter dem Artikel Eiche in meiner vollständigen Geschichte — ausführlich gehandelt.

19) *Rhus* typhinum. **Der Virginische große Sumach.**

20) — glabrum. Nordamerikanische glatte Sumach.

21) — canadense. **Canadische Sumach.**

22) — Cotinus. **Perücken-Sumach.**

Diese vier Arten haben gleiche Eigenschaften, und sind für sich zum **Gärben des Corduans** unentbehrlich, auch zu **Oberleder** bei Versetzung mit Eichenlohe sehr gut.

*) Siehe meine Abhandlung von den Knoppern, als ein Beitrag zur Naturgeschichte der Eichen und Insekten. In den Schriften der Berlinischen Gesellschaft naturforschenden Freunde. Th. IV. S. 1–12.

Sie gedeihen bei uns vollkommen, und es kann nur Vorurtheil und Unwissenheit den ausgebreiteten Anbau dieser nützlichen Gewächse hindern.

Die mit den hieselbst von mir gezogenen Stämmen No. 18. in Berlin gemachten Versuche haben den besten Erfolg gehabt. Meine Sumach-Anlagen sind bereits so weit gekommen, daß ich jährlich nicht allein durch die Wurzelbrut noch viel Morgen Landes anpflanzen, sondern auch schon die Nutzung ziehen kann.

23) *Salix* pentandra. Die **lorbeerblättrige Weide** (Fieberweide).

24) — fragilis, **Bruchweide** (Knackweide).

25) — alba, **weiße Weide**; auch alle übrigen Arten dieses Geschlechts geben durch ihre Rinde eine Lohe, mit welcher das Dänische Leder bereitet wird. Mit Zusatz von Eichenrinde wird die Weidenlohe auch zu gemeinem Leder sehr nützlich gebraucht.

Da die Erziehung der Weiden viel leichter und geschwinder, als die der Eichen ist: verlohnt es sich wohl der Mühe — recht aufmerksam hierauf zu seyn.

§. 128.

Von den Holzarten, welche Produkte zum Färben liefern.

Zu den Arbeiten, welche mit einländischen Produkten gemacht werden können, — ferner fremde zu nehmen, würde höchst thörigt seyn.

Ob wir nun zwar die eigentlichen brasilianischen Farbehölzer nicht bei uns fortbringen können, so haben wir doch andere, welche in mancher Absicht eben so schätzbar und nützlich sind. Dahin gehören

1) *Berberis* vulgaris. Der Berberitzenstrauch; (Sauerdorn). Die Wurzeln und der Stamm, geben mit der Rinde, Farbespäne zu **Gelb** auf **Wollen** und **Leinen**; vorzüglich zum Grunde der grünen Tücher.
Der Anbau dieses in aller Absicht höchst schätzbaren Strauches, kann nicht genugsam empfohlen werden.

2) *Betula* alba. Die gemeine Birke; kömmt nochmals auch hier vor; ihre **Rinde** und **Blätter** färben **gelb** auf **Wollen**; und von den letztern wird noch insbesondere die Mahlerfarbe — das Schüttgelb bereitet.

3) — Alnus. Die gemeine Eller, ist den **Huthmachern** wegen ihrer **Rinde** unentbehrlich, zum schwarz färben. Auch in den eigentlichen Färbereyen wird solche auf verschiedene Art, und zu mancherlei Farben gebraucht.

4) *Genista* tinctoria. Der Färberginster — färbt **gelb** auf **Seiden** und **Wollen**.

5) *Quercus* Robur. Die Traubeneiche.

6) — foemina. Die Stieleiche.

geben auch außer vorhererwähnten

Gärbemitteln — allerlei Produkte zum Färben.

Das sind besonders die Galläpfel mit Vitriol und Zusätzen zum Schwarz, Grau, Violet und Braun. Ohne dem — die Rinde — ein Orangenbraun auf Seiden und Leinen.

7) *Rhus* typhinum. Der Virginische große Sumach. Mit diesem habe ich sehr glückliche Versuche in Berlin — von dem geschickten Seidenfärber Herrn Dorell, anstellen lassen: wobei das schönste Schwarz, Violet, Grau, Grisdelin und Dunkelbraun, auf Tafft, Grosdetour, Atlas und Fadenseide zum Resultat gekommen ist.

Wahrscheinlich sollte Rhus glabrum und Rhus canadense ähnliche Wirkungen haben.

8) — Cotinus Der Perücken-Sumach, wird in Spanien und andern Ländern an Holz und Rinde zum Gelbfärben gebraucht, besonders zu der sogenannten feuille-morte.

9) *Rhamnus* catharticus. Der gemeine Kreutzdorn. Mit der frischen Rinde färbt man gelb; und mit der getrockneten dunkelbraun.

Aus den Beeren wird das sogenannte Saftgrün verfertigt: da man nehmlich den ausgepreßten Saft mit zerlassenem Alaun vermischt, ihn in Blasen an einen warmen Ort aufhänget, trocknet und zum Verkauf abliefert. Die Beeren müssen hierzu aber eben recht reif seyn: denn unreif färben sie gelb, und über ihre Reife braunroth.

10) *Vaccinium* Myrtillus. Heidelbeere. Diese giebt eine unechte violette Farbe auf Seide. Es verlohnte wohl der Mühe, noch mehr Versuche auf ächtes Indigo-Blau mit diesen Beeren anzustellen. Ich habe dergleichen Blau nur ein einziges mal gesehen; der Prozeß ist mir aber unbekannt, und der Verfertiger lebt nicht mehr.

§. 129.

Von den Holzarten, welche Produkte zum Seidenbau und zur Spinnerey geben.

Man wird hier wahrscheinlich bloß die abgedroschene Materie vom Maulbeerbaum erwarten; sich aber destomehr zu freuen Ursach haben, wenn ich die Entdeckung mittheile, daß —

1) *Acer* Tataricum Der Tatarische Ahorn; diese, in dem kältesten Klima und an den rauhesten Gebirgen dauerhafte und sehr leicht zu vermehrende Holzart, — **die Stelle des Maulbeerbaumes in Absicht des Seidenbaues ganz vollkommen vertritt**, und daher auch von mir den Namen **Seidenwürmer-Ahorn** erhalten hat.

Denn es ist gewiß, daß —

2) *Morus* alba. **Der weiße Maulbeerbaum**, mit seinen Spielarten, und noch mehr

3) — papyrifera. **Der Papiermaulbeerbaum**, so wie die zu pfropfenden Sorten — bei uns sehr empfindlich bleiben.

Ich kann hiervon nach vieljährigen, aufmerksamen Beobachtungen sehr sicher urtheilen, da hier in Tegel, eine der ausgebreitetesten Maulbeerplantagen von einigen tausend großen und kleinen Bäumen, mit weißen, rothen und kleinen schwarzen Beeren befindlich ist.

5) — rubra. **Der Virginische rothe Maulbeerbaum**, ist zwar nicht zärtlich; seine Blätter sind aber zu dicke, zu rauh und scharf, als daß gute Seide bey deren Anwendung zum Futter der Würmer erwartet werden dürfte. In Amerika selbst — wird der Seidenbau vernachläßiget, und man schiebt die Schuld auf den Mangel an Arbeitern.

Von dem **Baste** der abgeschnittenen einjährigen Triebe des weißen Maulbeerbaumes wird durch starkes rösten, ein gutes, dem Hanf ähnliches **Spinnzeug** bereitet. Der **Baumwolle ist ähnlich**, die **Lorbeerweidenwolle**; mit welcher recht gut gerathene Versuche gemacht worden sind; auch die Rinde der Besenpfrieme giebt ein gutes Spinnzeug.

§. 130.

Von allerlei hölzerner Flechtarbeit überhaupt.

Es eröffnen sich hier verschiedene Nahrungs-Arten, bey welchen das Publikum mit ohnentbehrlichen Geräthschaften in jedem Lande selbst versehen werden kann, ohne daß es nöthig wäre, die mannichfaltige **Flechtarbeit** von auswärts her zu hohlen.

Alle dazu erforderlichen Materialien, können überall erzeuget werden. — Es liegt also nur daran, solche zu kennen, zweckmäßig und in hinreichender Menge anzubauen — **und** die Industrie — zu deren Verarbeitung zu erwecken. Die gesammte **Flechtarbeit, beschäftiget fünferlei** Gewerkschaften, und giebt folglich zu eben so vielerlei **Manufakturen** Anlaß; nehmlich zur Verfertigung —

1) Der **gedreheten Peitschenstöcke.**
2) Der **Korb- und Koberarbeit;**
3) **Siebböden;**
4) **Bastmatten;**
5) **Basttaue** und **Seile.**

Es kommen ferner —

a) Die **Faschinen** und **Würste** — beim Wasser- und Dammbau, und

b) Die **Flechtzäune**, bey der Landwirthschaft vor.

§. 131.

Von den Holzarten zu gedreheten Peitschen-Stöcken.

In manchen Gegenden wird zu den Peitschenstöcken jährlich eine ungeheuere Menge, junger Saamenstämme von Eichen, Eschen und Birken verwüstet, welche immer diebischer Weise und an den unrechten Orten ausgeschnitten werden, und nicht länger dauern, als diese Stöcke frisch und grün sind.

In Thüringen hingegen, und besonders in Eisenach, verfertiget ein eigenes Handwerk die sogenannten sehr dauerhaften Riemen- oder geflochtenen Peitschenstöcke für ganz Europa.

Acer campestre. Der kleine deutsche Ahorn. Maßholder, welcher überall in frischem Boden fortkömmt, wird als Schlagholz (Wiederwuchs) dazu angewendet, und in den Forsten sehr theuer bezahlt. Laut der herzogl. Sachsen-Gothaischen revidirten Holztaxe von 1765, kostet die Klafter dergleichen Peitschenstockholz 18 Meißnische Gülden, oder 15 Thlr. 18 Gr.

Wegen der Zähigkeit dieses Holzes, läßt sich ein aus dem Groben zubereiteter Stock der Länge nach beinahe in zwanzig Ruthen bis an den Griff spalten, diese werden sodann bearbeitet und geflochten.

Dabei verstehet es sich aber von selbst: daß solche von ganz jungem, schlanken Holze gemacht werden

werden müssen. Da nun das Material und die Arbeit sehr im Preise sind, so sollte es sich wohl der Mühe verlohnen, auf diesen Nahrungszweig in jedem Lande zu denken, diese Holzart in gutem frischen Boden anzubauen, zu Schlagholz einzurichten und in funfzehnjährigen Umtrieb zu legen.

§. 132.

Von den Holzarten zur geflochtenen Korb- und Koberarbeit.

Die mancherlei Körbe sind im gemeinen Leben unentbehrlich, dabei aber nicht sehr dauerhaft. Es ist also eine Waare, die beständig Absatz findet, deren Verfertigung folglich viele Hände beschäftigen kann, wenn die Materialien dazu zu erlangen stehen.

Die Holzarten, welche dazu angewendet werden, sind —

1) *Corylus* Avellana. Der Haselstrauch, zu Korbstöcken, wozu die schlanken Stammloden gebraucht werden. Ein Haselbusch ist überhaupt weit nutzbarer als viele glauben, denen die Behandlung und Anwendung dieser Holzart nicht hinlänglich bekannt ist. Den Böttchern zu Bändern unentbehrlich; zum Schafhorden flechten; zur Korbarbeit; das stärkere Holz, tüchtig zur Feuerung, und wegen seiner Härte und Zähigkeit zu man-

chem Geschirrholz geschickt; die Kohle zur Bereitung des Schießpulvers nothwendig; die Nuß — als Obst, auch zur Mast und zur Verfertigung eines herrlichen Oehls, — verdient dieser Strauch, welcher als Unterholz mit dem übrigen Raum eines bestandenen Gehölzes vorlieb nimmt, alle Achtung und mehr Fleiß — auf dessen Unterhaltung.

2) *Pinus* sylvestris. Die gemeine **Kiefer**. Fohre. Diese Holzart schickt in sehr sandigem, lockern, oder beackert gewesenen Boden sehr lange zähe **Fadenwurzeln** unter der Oberfläche der Erde aus, welche sich sehr leicht heraus reissen lassen. Man bedient sich derselben in der Mark Brandenburg **zum Flechten der Kober** (Tabeln) und größern Körbe.

Den jungen Kiefern, von welchen sie genommen werden, ist es allerdings nicht zuträglich; unschädlicher und zweckmäßiger dienen —

3) *Salix* triandra. **Die dreifadige Buschweide.**
4) — pentandra. **Lorbeerblättrige Weide.**
5) — vitellina. **Gelbe Baumweide.**
6) — viminalis. **Korbweide.**
7) — anglica. **Braune Bandweide**, und
8) — purpurea. **Die rothe Bandweide.**

Von welchen die ein- und zweyjährigen Stamm- und Kopfloden —

erstere zu Flechtruthen, die andern aber zu Korbstöcken angewendet werden.

Zu kleiner und sehr feiner Korbarbeit bedient man sich der folgend vorkommenden gespaltenen und grösseren Saalweidenstäbe, desgleichen der

9) *Salix* arenaria. Kleinen Sandweide.

10) — myrsinites. Heidelbeerblättrigen Weide.

11) *Betula* nana. Der Zwergbirke; und

12) *Vaccinium* Oxycoccos. Der Moosbeeren-Ranken.

Von beiden leztern werden in Kamtschatka sehr saubere Arbeiten verfertiget.

§. 133.

Von den Siebböden.

Die verschiedenen engen und weitläufigen Siebböden, welche bei der Landwirthschaft und zu vielerlei anderm Behuf nothwendig gebraucht werden, verfertigt ein besonderes Handwerk — die Siebmacher: Sieberzunft genannt. Sie brauchen dazu —

Salix Caprea. Die Saalweide, von welcher die gleichen, schwanken, 1 bis 1½ Zoll starken Schlagholz-Stangen genommen werden, deren eine Klafter nach oben berührter Holztaxe, 20 Meißnische Gülden, oder 17 Thaler 12 Groschen; ein Schock dergleichen Stäbe aber — Einen Thaler kostet.

In vielen Gehölzen findet man eine Menge **Saalweiden**, die man aus Unwissenheit als ein Forstunkraut betrachtet, gar nicht nutzet, ausrodet — und während der Zeit immer die Siebböden aus Böhmen und andern Ländern herkommen läßt, in welchen die Industrie mehr im Schwunge ist.

Diese Siebstäbe lassen sich zu den allerfeinsten, sehr zähen und dauerhaften Riemchen reissen, aus welchen sodann die **Böden** geflochten, die kürzern **Abgänge** aber zu allerlei anderer **Flecht- und Körbchenarbeit**; so wie zum **Vernähen der Schachtelwände** gebraucht werden.

Ein Schlagholz von Saalweiden in frischem guten Boden durch Stecklinge angelegt, und auf fünfjährigen Umtriebeinge theilt, erträgt eine übermäßig hohe nachhaltige Benutzung — wo Leute zu haben sind, durch welche das rohe Produkt verarbeitet werden kann.

§. 134.

Von den Holzarten zu Bastmatten.

Beim Transport der Waaren sind die **Bastmatten** zum **Verpacken** unentbehrlich, und die feinen — geben sehr dauerhafte und gute **Fußteppiche**. Sie werden von

1) *Tilia* cordata. **Der kleinblättrigen Linde,**
2) — **europaea. Großblättrigen Linde,**

3) *Ulmus* campestris. Glatten Ulme, und
4) — americana. Nordamerikan. weißen Ulme,

verfertigt; indem von diesen Holzarten die Rinde von jungen Stämmen in der Saftzeit geschälet, gesäubert, naß geröstet, geschlagen und geflochten wird. Rußland liefert uns besonders diese Matten von Linden.

Man behandelt aber daselbst die Sache nicht mit der rechten Vorsicht, und sieht nicht darauf, die Nutzung nachhaltig zu machen; denn man hauet die ersten besten Saamenstämme in der Saftzeit für immer ab — ohne auf den Wiederausschlag der Wurzelstöcke zu sehen.

Wer guten Boden und die Gelegenheit hat, eine Bastmatten-Manufaktur einzurichten, dem werden Mühe und Kosten sehr ansehnlich belohnet werden.

Man pflanzet zu dem Ende nach und nach ein Revier mit jungen Ulmen und Linden auf sechs Fuß weit an, richtet solches auf Schlagholz ein, und benutzet jährlich den funfzehnten Theil, — dergestalt, daß der Hau oder Schlag im März scharf über der Erde abgeholzet, der Ertrag abgefahren, noch vier Wochen aufbewahret, sodann aber im Ende April und im May, wenn der Saft flüssig ist, geschälet wird, wodurch man die Benutzung des rohen Materials, ohne Verlust des Wiederausschlages der Wurzelstöcke, eisern macht.

§. 135.

Von Basttauen und Seilen.

Die starken und schweren Taue beim Schiffswesen und zu der Fischerey können in manchen Fällen — aus Bast eben dieselben Dienste thun, als von hanfenen und werkenen erwartet werden dürfen.

Die Gewinnung des rohen Materials muß auf eben die Art geschehen, wie oben bei den Matten gerathen worden ist.

Es wird noch außerdem verschiedenes Strickwerk aus Bast verfertiget, und der Bast selbst — wird bei der Gärtnerei und zum Einflechten der Kramets-Dohnen oder Schleifen gebraucht.

Alles dieses sind große, sehr wichtige, aber selten erkannte Nahrungszweige, welche überall in Ausübung gebracht werden können.

§. 136.

Von Holzarten zu Faschinen und Würsten beim Wasser- und Dammbau.

Außer obigen verführbaren Flechtwaaren sind noch verschiedene Flechtarbeiten in manchen Gegenden sehr wichtig.

Da wo man an Gewässern mit Ausbesserung der Ufer und Dämme zu thun, und selbst Wasserbaue vorzunehmen hat, sind die Faschinen und Würste unentbehrlich.

Zu den erstern taugt eigentlich **alles Reisig**, welches sodann mit zähen Weidenflechten zu Bündeln gebunden wird. Die **Würste** selbst aber sollen aus lauter **Weiden**- und **Werftarten** bestehen, weil sie dünne, biegsam und dauerhaft seyn müssen.

In den wasserreichen Gegenden kann man an den Dämmen sich nie genug auf den Anbau vieler und zäher Weiden befleißigen, weil er so leicht als ergiebig und nothwendig ist.

§. 137.

Von den Holzarten zu Flechtzäunen.

Da, wo das Holz beinöthig ist, und dennoch viele **Zäune** unterhalten werden müssen, gereichet es zur großen **Holzersparung**, wenn die Verzäunungen nicht von todten Stangen und Planken, sondern, außer den lebendigen, bereits abgehandelten Hecken, von **Weiden**- und **Werften-Zaunreisig geflochten** werden.

In so fern die Zaunpfähle auch von ältern Weidenstöcken sind, und gehörig gepflanzt werden, daß sie ausschlagen können, und die Flechtarbeit von zähen, drei bis vierjährigen Weiden-Kopfschlagholz verfertigt wird, so erlangt man sehr feste und dauerhafte Zäune, zu deren Unterhaltung das Material auf der Stelle gezogen werden kann.

Dergleichen Zäune befriedigen in nassen sumpfigen Gegenden auf die leichteste und sicherste Art, wo keine lebendige Dorn-Hecke ohne Wasserableitung fortgebracht werden kann, und da, wo wegen allzu dürren und leichten Bodens — eine sehr kostbare und mühsame Herbeischaffung anderer Erdarten zur Fortbringung solcher Hecken vorgenommen werden müßte; endlich auch — wo das andere todte Holz beschwerlich zu haben und theuer ist.

Die Güte und Dauer dieser Flechtzäune beruhet indessen gar sehr auf die Wahl der dazu angewendeten **Weidenarten.**

Die besten sind:

1) *Salix* vitellina. Die gelbe Bandweide.
2) — anglica. Braune Bandweide.
3) — purpurea. Rothe Bandweide.
4) — acuminata. Werftweide.

Bei dem Anbaue der Weiden überhaupt, muß man jederzeit dahin bedacht seyn, die **Vermehrung entweder bloß von männlichen, oder bloß von weiblichen Stämmen** zu machen, weil außerdem, wenn beide natürliche Gegenstände beisammen sind, die ganze umliegende Gegend mit Weiden besaamet und verunreiniget wird.

§. 138.

Von Holzarten zu Fabriken-Bedürfnissen.

Ich würde hier in ein sehr weitläufiges Feld gerathen, wenn ich mich über die **mannichfaltigen Bedürfnisse der verschiedenen Fabriken**, an allerlei Bau-, Nutz-, Werk-, Kohl- und Brennholz ausbreiten wollte; ich berühre jetzt nur diejenigen Holzarten, von welchen in jenen Absichten **kein Gebrauch** gemacht wird, und die nur zum Behuf der Gewehrfabriken mit Vortheil erzogen werden können.

1) *Juglans* regia. Der gemeine Welsche oder Wallnußbaum, steht in den Gärten allen Leuten einzeln vor Augen, und beweiset dadurch, daß er in Deutschland durchgehends fortkomme.

Niemand denkt aber daran, ihn in Menge anzubauen, um außer der Nutzung seiner Früchte, auch sein Holz zu den unentbehrlichen Gewehrschäften für die Gewehrfabriken zu hauen. Es ist allerdings eine sehr beträchtliche Geldsumme, die jährlich für dergleichen Schäfte zu unsern Nachbaren kommt, und die wir selbst behalten könnten. Die Kultur des Wallnußbaumes verdient daher in einem militärischen Staate besondere Aufmerksamkeit, um dem allgemeinen Mangel an nußbaumenen Schäften (welchen schon büchene untergeschoben werden müssen) für die Zukunft abzuhelfen.

2) — nigra. Der Nordamerikan. schwarze Wallnußbaum mit runder Nuß, und —

3) — oblonga. Der Nordamerikan. Wallnußbaum mit länglicher schwarzer Nuß — verdienen in aller Absicht, und auch ganz besonders zu saubern Jagdgewehrschäften — den thätigsten Anbau.

Ich habe vielleicht die ersten dergleichen Schäfte nach Deutschland gebracht, welche Se. königl. Majestät von Preußen erhalten haben, in Deren Leibgewehr-Kammer davon Stücke gesehen werden können.

Die **Büchsenschäfter** bedienen sich gewöhnlich des geschnittenen Nußbaum-Holzes auch zu den **Ladestöcken** in Flinten und Büchsen. Für die letzten sind sie zu biegsam, zu wenig dauerhaft, und für erstere sind sie auch nicht schön genug.

4) *Lonicera* **Xylosteum. Die gemeine Heckenkirsche, der Wolpermeyenstrauch,** (Seelenholz).

5) — **nigra. Schwarzbeerigte Heckenkirsche,** liefern die schönsten, glanzenden, knochenharten, steifen und dabei doch sehr zähen **Ladestöcke** für allerlei Jagdgewehr.

In den Buschhölzern, wo diese Arten befindlich, und mit den übrigen abgebuschet worden sind; schlagen zuweilen recht schlanke, **gleiche Stammloden** aus: die äußerst schätzbar sind, und ihre Schönheit durch gehörige Politur und Scheidewasser-Beitze erhalten.

Wo Gewehrfabriken sind, sollte es sich wohl der Mühe belohnen, in gutem Boden davon Plantagen anzulegen, und die Stämme gehörig zu behandeln, weil man solche sehr hoch nutzen würde. Im Nothfall wird auch

6) *Cornus* sanguinea. Der gemeine Hartriegel mit schwarzen Beeren und jung Eichen= oder Eschenholz dazu genommen, welches aber in aller Absicht weder so gut noch schön ist.

Allerlei **Maaßern von Rüstern, Birken** und **Maßholder** werden auch zu Schäften gebraucht; sie sind aber schwer, und kommen bei weiten nicht den nußbäumenen an Schönheit gleich.

§. 139.

Von den Produkten überhaupt, welche noch insbesondere — Materialwaaren und Medikamente liefern.

Außer vorangezeigten mancherlei Benutzungsarten, liefern **vielerlei Holzarten**, insbesondere noch **rohe Produkte** zu gangbaren **Materialwaaren** und **Apotheker=Bedürfnissen.**

Durch gehörige Zubereitung und Verfeinerung derselben, kann man entweder ganz oder Zusatz=weise — daraus:

1) **Zucker** und **Syrup**;
2) **Wesentliches Oehl, Wachs, Pech, Theer, Therebentin, destilirte Oehle;**
3) **Wein, Brandwein,** und **Eßig;**
4) **Conserven,** innerliche und äußerliche **Medikamente;** und endlich —
5) **Schießpulver,** zuwege bringen.

§. 140.

Von den Holzarten, aus welchen Zucker und Syrup verfertiget werden kann.

Bei uns haben sowohl manche Baumsäfte als manche Früchte dergestalt viel Süßigkeit, daß nach Abrauchen oder Verdunsten des Wäßrigten, daraus ein brauchbarer Syrup und nach der Läuterung desselben, ein guter Zucker erlanget werden kann.

Die hierzu geschickten Holzarten sind—

a. In Absicht ihres Baumsaftes:

1) *Acer* Pseudo-Platanus. Der gemeine Ahorn.
2. — saccharinum. Nordamerik. Zucker-Ahorn.
3. — Platanoides. Spizahorn; Lenne.
4. — Pensylvanicum. Nordamerikasche Bergahorn und —
5. — Negundo. Der Virginische Eschenblätterige Ahorn.

Um dergleichen Saft zu erlangen, werden gegen den Frühling Bäume von einiger Stärke angebohret und in die Löcher Röhren gebracht, aus welchen er in untergesetzte Gefäße häufig läuft. Wenn diese Operation aber zu oft geschiehet, so ist sie den Bäumen allerdins sehr nachtheilig. Sie muß nur an solchen Statt finden, welche ohnehin bald abgehauen, oder doch wenigstens zu keinem Schlagholze oder zu andern als Brennholz bestimmt sind. Eben diese Bewandniß hat es mit Gewinnung des bekannten Birkensaftes.

b) In Absicht der Früchte, geben —
1. *Morus* alba. Der weiße Maulbeerbaum.
2. *Pyrus* communis. Der gemeine Birnbaum.
3. *Ribes* Grossularia. Stachelbeerenstrauch; und
4) *Vitis* vinifera. Der gemeine Weinstock — einen sehr guten Syrup, wenn der Saft aus den recht reifgewordenen Früchten ausgepresset, und sodenn verkocht wird.

§. 141.

Von den Holzarten, aus welchen ein wesentliches Oehl bereitet wird.

Zur Bereitung eines wesentlichen, sehr guten Oehles, dienen die Saamen von —

1) *Amygdalus* communis. Dem gemeinen Mandelbaum.
2) — — dulcis. Krachmandelbaum.
3) *Corylus* Avellana. Haselnußstrauch, in allen Varietäten.
4) *Fagus* sylvatica. Der gemeinen Mastbüche; Rothbüche.
5) — latifolia. Nordamerik. Mastbüche.
6) *Juglans* regia. Wallnußbaum.
7) *Pinus* Picea L. Edeltanne.
8) — Abies L. Fichte.

Die reifen Saamen werden gepreßt und gewärmet.

§. 142.

Von den Holzarten, welche Wachs liefern.

Obgleich das gewöhnliche Wachs fast aus allen Blüthen der Gewächse — durch die Bienen zusammengetragen wird, so geben doch einige Theile nachstehender Holzarten — gerade zu, durchs Auskochen mit Wasser, ein gutes und herrliches Wachs.

1) *Betula* alba. Die gemeine Birke. Davon werden die männlichen Blüthzäpfchen im Frühlinge gepflückt und ausgekocht.

2) *Myrica* cerifera. Der Nordamerikanische Wachsbusch. Dessen sehr reichlich zutragende Beeren werden im Oktober gesammelt, und in Wasser ausgekocht; es bleibt alsdann eine grünliche Scheibe Wachs darauf stehen, welches zu Lichtern vortrefflich ist, und einen angenehmen, gesunden Geruch giebt. Dieser Strauch ist sehr dauerhaft und gut zu erziehen, nimmt auch überall in gutem Boden als Unterholz unter andern Laubholz-Bäumen vorlieb.

§. 143.

Von den Holzarten, welche Theer, Pech und Therebentin geben.

Theer, Pech und Therebentin sind sehr wichtige Handlungsartikel aus den Harzhölzern; verdienen nicht wenig Aufmerksamkeit, und ihre Gewinnung darf nicht so geradezu — als den Wäldern nachtheilig angesehen werden.

Es kömmt nur auf zweckmäßige, vernünftige **Einrichtung der Theer- und Pechhütten** und ihrer Versorgung an; worüber ausführlich zu handeln hier nicht der Ort ist.

Es wird nach der jetzt vorhabenden Absicht genug seyn, wenn nur die Holzarten angezeiget werden, welche die Materialien dazu liefern; deshalb also angebaut und unterhalten werden sollten.

Der Theer oder die sogenannte **Wagenschmiere** ist den Seemächten so **höchstunentbehrlich** als auf dem Lande: wird aber nur selten gehörig und vortheilhaft gewonnen.

Den eigentlichen Schiffstheer, liefern —

1) *Pinus* sylvestris. Die **gemeine Kiefer.**
2) — rubra. Schottische K.
3) — echinata. Nordamerik. K. mit **stachelichten Zapfen.**
4) — rigida. Nordamerik. **dreynadeliche K.**
5) *Pinus* Virginiana. Jerseykiefer.
6) — Taeda. Virginische **Weyhrauchk.**

Alle diese Kieferarten enthalten sowohl im ganzen Baume, als besonders in dem Wurzelstocke, ein Harz: welches empyrevmatisch aus dem Holze gezogen und in der Gestalt des bekannten Theeres — zähe-flüssig erlanget wird.

Außer diesem wird aus dem auslaufenden **Fichtenharze** ein Theer gemacht, welcher als zu strenge, durch **fremdes wesentliches** Oehl **verdünnet** werden muß.

Eben auch zum **Pech** ist diese

1) *Pinus* Abies. Fichte, (Rothtanne,) eigentlich die schicklichste Holzart; und es folgen hierauf —

2) — Canadensis. Die Nordamerik. weiße Fichte.

3) — mariana. Die Nordamerik. schwarze Fichte.

Deren Harz gekocht und zu jener derben Materie gemacht wird.

Außer diesem, wird von allem Theer auch Pech bereitet; indem ersteres so lange verkochet wird, bis es steif genug, und zu Pech geworden ist.

Der Therebentin ist ein flüssiges rohes Harz — von

1) *Pinus* Picea L., der Edeltanne:

2) — Balsamea, Gileadschen Balsam-Tanne.

3) — Larix, dem gemeinen Lerchenbaum.

4) — laricina, Nordamerik. schwarzen Lerchenbaum.

§. 144.

Von den Holzarten, aus welchen bei uns Oehle destillirt werden.

Wenn der Theer zu Pech gemacht wird, so kann solches durch den Alembik geschehen, und es gehet das sogenannte Kiehnöhl über, welches rektifizirt wird.

Beim Abrauchen des Therebentines zu Colophonium, oder durch Abziehen der Tannenzapfen, wird das bekannte Therebentinöl gewonnen; welches,

welches, wenn es rektifiziret worden, das sogenannte Spiecköl und den Therepentinspiritus giebt; der sich sowohl mit wesentlichen Oehlen als mit Weingeist vermischet.

Es fallen also hierzu diejenigen Holzarten vor, welche beim Theer und Therebentin schon aufgeführet sind.

§. 145.

Von den Holzarten, welche Wein, Essig und Brandwein geben.

Alles was einen Wein und Cyder giebt, und durch Gärung zur Säure gebracht wird, liefert Essig, und durch die Destillation einen Brand-Wein. Hingegen giebt nicht alles Wein und genießbaren Cyder.

a) Die Holzarten, aus deren Früchten Wein und Cyder gemacht werden kann, sind:

1) *Prunus* avium. Der Vogelkirschenbaum.

2) *Pyrus* communis. Der gemeine Birnbaum und dessen Varietäten.

3) — Malus. Der gemeine Apfel und die übrigen Abarten.

4) — Cydonia. Die Quitten.

5) *Ribes* rubrum. Die Johannisbeere.

6) *Rubus* fruticosus. Die Brombeere.

7) *Vitis* vinifera. Der gemeine Weinstock.

8) — laciniosa. Der Petersilienwein, und die übrigen Sorten.

b) Zu Essig: alle vorstehenden Früchte,

und der Saft — der beim Zucker aufgeführten Ahornarten: ferner:

1. *Berberis* vulgaris. Die Berberitze; der Sauerdorn. Der Saft dieser Beere ist dem Citronensafte im Geschmack sehr ähnlich, und giebt herrlichen Punsch von hochrother Farbe.
2. *Betula* alba. Die gemeine Birke; der Saft aus dem Stamme.
3. *Crataegus* torminalis. Der Elzbeerbaum; die Frucht.
4. — *Aria.* (*Pyrus* Aria *Willd.*) Der Mehlbaum; die Frucht.
5. *Quercus* Robur. Die Traubeneiche; der Aufguß aufs Holz.
6. *Rhus* Typhinum. Der virginische große Sumach. Aus den Saamenbüscheln wird, wenn sie frühzeitig gesammelt werden, durch den Aufguß von Wasser ein sehr starker Essig bereitet.

c. Brandwein: geben sämmtliche vorhergehende, in diesem §. aufgeführte Produkte, und außer diesen:

1. *Prunus* domestica. Die Bauerpflaume; Zwetsche.
2. *Prunus* insititia. Zahme Schleehen; Kricheln.
3. — spinosa. Schleedorn.
4. — Cerasus. Die Sauerkirsche.
5. *Sorbus* aucuparia. Der Vogelbeerbaum; die Eberesche.
6. — domestica. Der Spierlingsbaum.

7. — hybrida. Bastard Spierlingsbaum. Durch einmeischen, destilliren und rektifiziren.

§. 146.

Von den Holzarten, aus deren Produkten sowohl Konserven, als innerliche und äusserliche Heilmittel verfertigt werden.

Verschiedene Holzarten liefern Früchte und andere Produkte, aus welchen sowohl Konserven zu mancherley Gebrauch verfertigt werden, als auch solche, die eigentlich offizinel sind.

a) Zu Konserven dienen die Früchte oder Beeren von nachstehenden Holzarten.

1. *Juniperus* communis. Gemeiner Wachholder zu Mus für die Apotheker.
2. *Sambucus* nigra Gemeiner Holunder; Flieder – zu Mus; welches in den nördlichen Ländern sehr stark als ein schweißtreibendes Mittel – besonders von den Seefahrern gebraucht wird; und eine sehr ansehnliche Nutzung ausmachen könnte. Ich habe eine Holunderplantage gesehen, die ihrem Eigenthümer jährlich im Durchschnitte auf jeden Morgen 80 Thaler einbrachte.
3. *Sorbus* aucuparia. Der Vogelbeerbaum. Eberesche zu Mus für die Apotheker.
4. *Vaccinium* Myrtillus Die Heidelbeere; ausgepreßt und aufgekocht, giebt die

Tinktur, womit die Weinhändler die schlechten blanken Landweine in Pontak verwandeln. Es gehen jährlich viele Orthoft dergleichen Saft von uns nach den Seestädten, und wir bekommen ihn wieder in der Gestalt des dicken rothen Weines zurück.

5. — *Vitis* idea. Preußelbeere; giebt eine sehr angenehme und erfrischende Conserve, welche besonders in Sachsen verfertiget und von da aus weit und breit verführet wird.

b) Folgende Holzarten liefern außerdem offizinelle Produkte.

1. *Aesculus* Hippocastanum. Der Roßkastanienbaum. Die Rinde als ein Fiebermittel *).
2. *Arbutus* Uva ursi. Bärentrauben. Blätter und Beeren sind sehr zusammenziehend, und ein Hülfsmittel in Steinschmerzen **).
3. *Betula* alba. Die gemeine Birke. Der frische Saft ist treibend und blutreinigend.
4. *Ceanothus* Americanus. Neu-Jersey-Thee. Die jungen Blätter werden als Thee gebraucht.
5. *Hedera* Helix. Der Winter-Epheu. Die Resine wird unter einige Salben genommen. Man pflegt aus dem Holze

*) Siehe Turras Briefe über den Gebrauch des Roßkastanienbaumes.

**) *Murray* comment. de Arbuto Uva ursi, Goettingen 1764. 4.

wegen der reizenden Kraft desselben, zu Erhaltung der Fontanellen kleine Erbsenküglein drechseln zu lassen.

6. *Juniperus* communis. Der **gemeine Wachholder.** Die **Beere** zum Räuchern; zu Magen stärkendem und Urin treibendem Thee; oder in Decocten bei der Wassersucht und zu Abführung des Steins; auch zu Mus.

7. *Juniperus* Sabina. Der **Sagebaum.** Wegen der gottlosen Versuche, die vom weiblichen Geschlechte damit gemacht werden, wobei zugleich die Brust sehr angegriffen wird; übergehe ich — darüber weiter etwas zu sagen.

8. *Morus* alba. Der **weiße Maulbeerbaum.** Der zu Syrup §. 140. angeführte Saft aus der Frucht, wird auch als ein Heilmittel bei Hals- und Mundschäden gebraucht.

9. *Pinus* montana. Die **Krumholzkiefer.** Das empyrevmatische Oehl aus derselben, ist das sogenannte, in der Vieharzeney bekannte **Krumholzöhl.**

10. *Pinus* Larix. Der **Lerchenbaum;** giebt Harz zu Pflastern; es wächst daran auch der sogenannte purgirende **Lerchenschwamm;** Auch der venetianische Terpentin ist officinell.

11. *Pinus* Picea L. Die **Weiß-Tanne.** Das Harz aus den Beulen zu Salben und Pflastern.

12. *Pinus* Abies L. Die **Fichte;** Roth-

oder Pechtanne. Das Harz und weiße Pech zu Salben und Pflastern.

13. *Quercus* Robur. Die Traubeneiche. Davon sind offizinell — die jungen Blätter und das daraus destillirte Wasser, die Rinde und die Spähne.

14. *Salix* pentandra. Die Lorbeerweide, und

15. *Salix* fragilis. Die Bruchweide. Die Rinde als Fiebermittel.

16. *Taxus* baccata. Der Eibenbaum. Es ist noch gar nicht allgemein bekannt, daß das klein geraspelte, mit Teig vermengte und gebackene Eibenholz — ein sehr spezifiques Mittel wider den tollen Hundebiß ist, wenn auf frischer That ein Loth schwer davon genossen wird. Ich habe es selbst verschiedene mal mit Effekt nehmen lassen, und halte immer dergleichen trockene Kuchen in Bereitschaft.

17. *Tilia* europaea. Die großblättrige Linde; Sommerlinde. Die Blüthe, giebt das sogenannte Lindenblüthen-Wasser; die Saamen stopfen den Durchlauf; die Blätter dienen zu Umschlägen auf entzündete Theile.

18. *Vaccinium* Myrtillus. Heidelbeere; getrocknet, ein gelindes anhaltendes Mittel beim Durchlauf.

19. *Vitis* vinifera. Der Weinstock. Aus den Weintrauben und deren Trebern

wird der Weingeist und die Traubenpomade bereitet *).

§. 147.

Von den Holzarten, deren Kohlen zur Bereitung des Schießpulvers angewendet werden.

Ich beschließe diese kurze Benutzungs-Geschichte mit Anzeige der Holzarten, deren Kohlen zur Bereitung des Schießpulvers gesucht werden. Es sind:

1. *Corylus* Avellana. Der Haselstrauch.
2. *Rhamnus* Frangula. Der gemeine Faulbaum.
3. *Tilia* cordata. Die kleinblättrige Linde.
4. *Tilia* europaea. Die großblättrige Linde.

§. 148.

Beschluß dieses Abschnittes.

Nach vorhergegangener Angabe der mannichfaltigen Benutzungsarten, werden die Liebhaber im Stande seyn, ihrer Baumzucht eine nützliche und zweckmäßige Richtung zu geben.

*) Von denen in diesem Werke vorkommenden amerik. Holzarten führet der berühmte, viele Jahre in Amerika gewesene Marggräfl. Anspachische Leibmedikus Hr. D. Joh. Dav. Schöpf in seiner vortrefflichen Materia medica Americana, welche nach Ausgabe der ersten Auflage dieser Anleitung erschienen ist, 42 Holzarten an, wovon manches als offizinell äußerst wichtig ist.
Anmerk. zur 2ten Auflage.

Denn noch immer pflanzen die Mehresten ohne zu wissen wie, was, und warum! Sie werden aber nunmehr nach ihren Absichten – ihre Holzarten zu wählen und zu behandeln wissen.

In dem **folgenden Abschnitte** soll das **Haupt-Nahmenverzeichniß** derjenigen **Holzarten** folgen, welche bei uns im **Freien** fortkommen können. Man darf darin nur diejenigen Sorten unterstreichen, welche man selbst besitzet, und man wird dadurch sogleich eine richtige alphabetische **Spezifikation von seinen Plantagen** verfertigt haben.

Sechster Abschnitt.

Allgemeines botanisches Nahmenverzeichniß derjenigen Holzarten, Varietäten und Spielarten, welche im mittlern Deutschland im Freien fortkommen können *).

No.			
1.	I.	1.	Acer *pseudo-plantanus*. (Linn.)
2.	—	2.	— — — foliis variegatis.
3.	—	3.	— *rubrum*.
4.	—	4.	— *saccharinum*.
5.	—	5.	— *Platanoides*.
6.	—	6.	— — foliis variegatis. (Du Roi)
7.	—	7.	— *Pensylvanicum*.
8.	—	8.	— *campestre*.
9.	—	9.	— — Hispanicum.

*) Die in der Jugend etwas zärtlichern Sorten werden ⊙ bezeichnet, diejenigen aber, mit welchen man in den englischen Gärten immer etwas vorsichtig umgehen, ihnen auch einen beschützten Stand geben muß, sollen das Zeichen † erhalten. Die Nahmen sind sämmtlich des Ritters Linnee, in so weit dergleichen vorhanden sind. Ich werde mich hier noch nicht auf die Bestimmung einlassen, welches wahre Haupt- oder Abarten sind, sondern alle nach alphabetischer Ordnung und laufender Nummer aufführen.

No.			
10.	I.	10.	ACER *Monspessulanum.*
11.	—	11.	— *Tataricum*
12.	—	12.	— *Creticum.* ✝
13.	—	13.	— *Negundo.* ⊙
14.	—	14.	— *floridanum.* (Gordon et Dormer.)
15.	—	15.	— *Opalus* (Miller)
16.	—	16.	— *laciniatum* (Loddiges).
17.	—	17.	— *striatum.* (Du Roi)
18.	II.	1.	AESCULUS *Hippocastanum.*
19.	—	2.	— — foliis luteo variegatis.
20.	—	3.	— — — albo —
21.	—	4.	— *Pavia.* +
22.	—	5.	— — flore flavo.
23.	III.	1.	AMORPHA *fruticosa.* ⊙
24.	IV.	1.	AMYGDALUS *Persica.* ⊙
25.	—	2.	— — flore pleno. +
26.	—	3.	— — fructu interne ruberrimo (P. Buek) +
27.	—	4.	— *communis.* ⊙
28.	—	5.	— *sativa.* ⊙
29.	—	6.	— *amara.* ⊙
30.	—	7.	— *nana.*
31.	—	8.	— *dulcis.* ⊙
32.	—	9.	— *pumila* ✝
33.	V.	1.	ANDROMEDA *polyfolia* major.
34.	—	2.	— — minor.
35.	—	3.	— — minima.
36.	—	4.	— *Mariana*, foliis ovatis.
37.	—	5.	— — — lanceolatis.
38.	—	6.	— *paniculata.*
39.	—	7.	— *racemosa.*
40.	—	8.	— *calyculata.*
41.	—	9.	— *ferruginea.* (Gord. et Dorm.)
42.	—	10.	— *axillaris* latifolia (G. et D.)
43.	—	11.	— — angustifolia (G. et D.)
44.	—	12.	— *ventriculata* (Loddiges).
45.	—	13.	— *globulifera* (Gord. et D.)
46.	—	14.	— *pilulifera.*
47.	—	15.	— *serratifolia* (G. et D.)
48.	VI.	1.	ARALIA *spinosa.* ⊙
49.	—	2.	— *nudicaulis.* ✝
50.	VII.	1.	ARBUTUS *Uva Ursi.*
51.	—	2.	— *Alpina.*
52.	VIII.	1.	ARTEMISIA *Abrotanum.*
53.	IX.	1.	ATRAGENE *alpina.*
54.	—	2.	— *austriaca.*
55.	X.	1.	AZALEA *viscosa.*
56	—	2.	— *nudiflora.* ⊙

No.
57. X. 3. Azalea *coccinea.* ⊙
58. — 4. — *tomentosa.*
5. — *lapponica.*
6. — *procumbens.*
59. XI. 1. Baccharis *halimifolia.* †
60. XII. 1. Berberis *vulgaris.*
61. — 2. — *canadensis.* (Miller)
62. — 3. — *humilis.*
63. XIII. 1. Betula *alba.*
64. — 2. — *pumila* Broccembergensis (Thal. Sylv. Hercyn.)
65. — 3. — *Quebeccensis* (Du Roi).
66. — 4. — *lenta.*
67. — 5. — *nigra.*
68. — 6. — *nana.*
69. — 7. — *pumila* canadensis (G. et D.)
70. — 8. — *excelsa* canadensis (G. et D.)
71. — 9. — *papyrifera.* (G. et D.)
72. — 10. — *lanceolata.* (Loddiges)
73. — 11. — *Alno-betula.* (Hirschfeld Calend. 1783.)
74. — 12. — Alnus.
75. — 13. — — *laciniata.* (Gleditsch.)
76. — 14. — — *incana.*
77. — 15. — — *rugosa.* (Du Roi)
78. — 16. — — *pumila.* (Jonug.)
79. XIV. 1. Bignonia *Catalpa.* +
80. — 1. — *radicans.* +
81. — 3. — — minor +
82. XV. 1. Budleja *capitata.* ⊙
83. XVI. 1. Buxus *sempervirens.*
84. — 2. — — argentata. +
85. — 3. — — foliis ex aureo variegatis. +
86. XVII. 1. Calycanthus *floridus.*
87. XVIII. 1. Carpinus *Betulus.*
88. — 2. — — quercifolia.
89. — 3. — *Ostrya.*
90 — 4. — *virginiana.* (Miller.)
91. — 5. — *orientalis.* —
92. XIX. 1. Ceanothus *americanus.*
93. XX. 1. Celastrus *scandens.*
94 — 2. — *bullatus.* ⊙
95. XXI. 1. Celtis *australis.* †
96. — 2. — *orientalis* †
97. — 3. — *occidentalis.* ⊙
98. XXII. 1. Cephalanthus *occidentalis.*
99. XXIII. 1. Cercis *Siliquastrum.* †
100. — 2. — — flore albo. †

No.
101. XXIII. 3. CERCIS *canadensis.* ☉
102. XXIV. 1. CHIONANTHUS *virginica.*
103. XXV. 1. CISTUS *Helianthemum.*
104. XXVI. 1. CLEMATIS *Vitalba.*
105. — 2. — *crispa.*
106. — 3. — *Viticella.*
107. — 4. — — flore pleno.
108. — 5. — — rubro.
109. — 6. — *Viorna.*
110. — 7. — *orientalis.*
111. — 8. — *virginiana.*
112. — 9. — *dioica.*
113. — 10. — *flammula.*
114. — 11. — *maritima.*
115. XXVII. 1. CLETHRA *alnifolia.*
116. — 2. — — nana.
117. — 3. — *paniculata.* (Loddiges)
118. — 4. — *inundata.* (Loddiges)
119. XXVIII. 1. COLUTEA *arborescens.* ☉
120. — 2. — *aleppica.* (Thouyn) ☉
121. — 3. — *orientalis.* (Du Roi) ☉
122. — 4. — *media.* ☉
123. XXIX. 1. CORNUS *florida.*
124. — 2. — *mascula.* ☉
125. — 3. — — foliis variegatis +
126. — 4. — — fructu cerae coloris (Miller) †
127. — 5. — *foemina.*
128. — 6. — *sanguinea.*
129 — 7. — — foliis variegatis.
130. — 8. — *alternifolia.* (Linn. Supplem. Plant.
131. — 9. — *Amomum.* (Miller.)
132. — 10. — *alba.*
133. — 11. — *novae Belgiae.* (Gordon et Dormer.)
134. — 12. — *stricta.* (Gord. et D.)
135. — 13. — *Sibirica.* (Loddiges)
136. XXX. 1. CORONILLA *Emerus.*
137. XXXI. 1. CORYLUS *Avellana.*
138. — 2. — — fructu maximo.
139. — 3. — *sativa.*
140. — 4. — fructu rubro.
141. — 5. — *arborescens.* (Münchh.)
142. — 6. — *Colurna.*
143. — 7. — *cornuta.* Gordon et Dorm.)
144. XXXII. 1. CRATAEGUS *Aria.*
145. — 2. — *uniflora.* (Münchh.)

No.			
146.	XXXII.	3.	CRATAEGUS *torminalis.*
147.	—	4.	— *lucida.* (Du Roi.)
148.	—	5.	— *coccinea.*
149.	—	6.	— *oxyacantha.*
150.	—	7.	— — flore pleno.
151.	—	8.	— — fructu luteo.
152.	—	9.	— — monogyna.
153.	—	10.	— *viridis.*
154.	—	11.	— *praecox.* (Lod.)
155.	—	12.	— *Azarolus.* ⊙
156.	—	13.	— *alpina.*
157.	—	14.	— *dulcis.*
158.	—	15.	— *Pensylvanica.* (Lod.)
159.	XXXIII.	1.	CUPRESSUS *Thyoides.* ⊙
160.	—	2.	— *disticha* †
161.	XXXIV.	1.	CYTISUS *Laburnum.*
162.	—	2.	— — foliis variegatis. †
163.	—	3.	— *alpinus.* ⊙
164.	—	4.	— *nigricans.*
165.	—	5.	— *sessilifolius.*
166.	—	6.	— *hirsutus.* †
167.	—	7.	— *supinus.*
168.	—	8.	— *capitatus.* (Lod.)
169.	—	9.	— *austriacus.* ⊙
170.	XXXV.	1.	DAPHNE *Laureola.* †
171.	—	2.	— *Mezereum.*
172.	—	3.	— — foliis variegatis.
173.	—	4.	— — flore albo.
174.	—	5.	— — — rubro.
175.	—	6.	— *alpina.*
176.	—	7.	— *Cneorum.* †
177.	—	8.	— *Tarton-raira.* †
178.	XXXVI.	1.	DIOSPYROS *virginiana.* ⊙
179.	XXXVII.	1.	ELEAGNUS *angustifolia.* ⊙
180.	—	2.	— *latifolia.*
181.	XXXVIII.	1.	EMPETRUM *nigrum.*
182.	XXXIX.	1.	EPHEDRA *distacha.*
183.	—	2.	— *monostachya.*
184.	XL.	1.	EPIGAEA *repens.* ⊙
185.	XLI.	1.	ERICA *vulgaris.*
186.	—	2.	— *Tetralix.*
187.	—	3.	— *multiflora.*
188.	—	4.	— *ciliaris.*
189.	XLII.	1.	EVONYMUS *europaeus.*
190.	—	2.	— *latifolius.* (Miller.)
191.	—	3.	— *Americanus.*
192.	—	4.	— *longifolius.*
193.	—	5.	— *verrucosus.*

194. XLII 6. EVONYMUS *atropurpureus.*
195. XLIII. 1. FAGUS *sylvatica.*
196 — 2. — — fol. atropurpureis.
197. — 3. — *latifolia.*
198. — 4. — CASTANEA. ⊙
199. — 5. — — foliis ex aureo variegatis. †
200. — 6. — — *americana.* (Wangenheim.)
201. — 7. — — *pumila.*
202 XLIV. 1. FRAXINUS *excelsior.*
203. — 2. — *Ornus.* ⊙
204. — 3. — *rotundifolia.* (Miller) †
205. — 4. — *Americana.*
306. — 5. — (*alba*) caroliniana Gord. et Dorm.) ⊙
207. — 6. — *nigra.* (I od.)
208. — 7. — *novae Angliae.* (Miller)
209. — 8. — *integrifolia.* (Gordon et Dormer) †
210. — 9. — *paniculata*
211. XLV 1. GAULTHERIA *procumbens.*
212. XLVI. 1. GENISTA *capensis.* (Thouyn.)
213. — 2. — *florida.*
214. — 3. — *germanica.*
215. — 4. — *pilosa.*
216. — 5. — *tinctoria.*
217. — 6. — *Sibirica.*
218. XLVII. 1. GINKGO *biloba.*
219. XLVIII. 1. GLEDITSIA *triacanthos.* ⊙
220. — 2. — *inermis.* †
221. — 3. — *horrida.* (Gordon et Dormer) †
222. XLIX. 1. GUILANDINA *dioica.*
223. L. 1. HALESIA *tetraptera.*
224. — 2. *diptera.* ⊙
225. LI. 1. HAMAMELIS *Virginiana.*
226. LII. 1. HEDERA *Helix.*
227. — 2. — — fol. aureo varieg.
228. — 3. — — — argenteis.
229. — 4. — *quinquefolia.*
230. — 5. — — minor (MIHI.)
231. LIII. 1. HIBISCUS *Syriacus.* ⊙
232. — 2. — flore rubro ⊙
233. — 3. — coeruleo. ⊙
234. — 4. — albo. ⊙
235. — 5. — variegato. ⊙
236. — 6. — fol. var. argenteis. †

No.			
237.	*LIII.*	7.	Hibiscus *Syriacus* fol. var. luteis. †
238.	*LIV.*	1.	Hippophae *rhamnoides.*
239.	—	2.	— *canadensis.*
240.	*LV.*	1.	Hydrangea *arborescens.*
241.	*LVI.*	1.	Hypericum *androsaemum.*
242.	—	2.	— *Ascyron.*
243.	—	3.	— *Kalmianum.* (Bartramicum) (Miller.)
244.	—	4.	— *olympicum.*
245.	—	5.	— *prolificum.*
246.	—	6.	— *hircinum.*
247.	—	7.	— *inodorum.*
248.	*LVII.*	1.	Jasminum *fruticans.*
249.	*LVIII.*	1.	Ilex *Aquifolium.* ⊙
250.	—	2.	— foliis longioribus limbis et spinis argenteis.
251.	—	3.	— foliis subrotundis, limbis argenteis spinulis purpurascentibus.
252.	—	4.	— foliis oblongis aureo variegatis spinis majoribus.
253.	—	5.	— foliis echinatis.
254.	—	6.	— inermibus.
255.	*LIX.*	1.	Itea *Virginica.*
256.	*LX.*	1.	Juglans *regia.* ⊙
257.	—	2.	— serotina.
258.	—	3.	— fructu maximo.
	—	4.	— tenero.
259.	—	5.	— *alba.*
		6.	— ovalis (Wangenh.)
		7.	— cordiformis —
260.	—	8.	— *illinoinensis.* —
261.	—	9.	— *nigra.*
262.	—	10.	— *oblonga.* (cinerea.)
263.	—	10.	— *glabra* (Miller.)
264.	*LXI.*	1.	Juniperus *communis.*
265.	—	2.	— *Virginiana.*
266.	—	3.	— *Caroliniana.* (Miller.)
267.	—	4.	— *Suecica.*
268.	—	5.	— *thurifera.*
269.	—	6.	— *Sabina.*
270.	—	7.	— foliis variegatis.
271.	—	8.	— tamariscifolia.
272.	—	9.	— *Sibirica.* (Lod.)
273.	—	10.	— *Canadensis.*
274.	*LXII.*	1.	Kalmia *angustifolia.*

No.			
275.	*LXII.*	2.	Kalmia. *latifolia.* ⊙
276.	—	3.	— *polifolia.* (Lod.)
277.	*LXIII.*	1.	Lavandula *ſpica.*
278.	*LXIV.*	1.	Laurus *Benzoin.* †
279.	—	2.	— *Saſſafras.* †
280.	*LXV.*	1.	Ledum *paluſtre.*
281.	—	2.	— latifolium.
282.	—	3.	— thymifolium. (Lod.)
283.	—	4.	— foliis variegatis.
284.	*LXVI.*	1.	Ligustrum *vulgare.*
285.	—	2.	— foliis variegatis.
286.	—	3.	— *italicum.* (Du Roi.) †
287.	—	4.	— *carolinianum.* (Wangenh.)
288.	*LXVII.*	1.	Liquidambar *ſtyraciflua.* ⊙
289.	*LXVIII.*	1.	Liriodendron *tulipifera.*
290.	*LXIX.*	1.	Lonicera *Periclymenum.*
291.	—	2.	— foliis variegatis.
292.	—	3.	— quercifolium. (Mih.)
293.	—	4.	— germanicum.
294.	—	5.	*Caprifolium.*
295.	—	6.	*ſempervirens.*
296.	—	7.	*media.* (Miller.)
297.	—	8.	*Xyloſteum.*
298.	—	9.	*tatarica.*
299.	—	10.	*alpigena.*
300.	—	11.	*caerulea.*
301.	—	12.	*pyrenaica.*
302.	—	13.	*nigra.*
303.	—	14.	*balearica.* (Gord. et D.)
304.	—	15.	*coccinea.* (Lod.)
305.	—	16.	*glauca.* (Hill.)
306.	—	17.	*Symphoricarpos.*
307.	—	18.	*Diervilla.*
308.	*LXX.*	1.	Lycium *barbarum.* †
309.	—	2.	— *europaeum.*
310.	—	3.	— *chinenſe.* (Miller) ⊙
311.	*LXXI.*	1.	Magnolia *glauca.* †
312.	*LXXII.*	1.	Menispermum *canadenſe.*
313.	—	2.	— *virginicum.*
314.	*LXXIII.*	1.	Mespilus *germanica*
315.	—	2.	— ſine oſſiculis.
316.	—	3.	— fructu maximo.
317.	—	4.	— *Pyracantha.* ⊙
318.	—	5.	— *chamae-meſpilus.*
319.	—	6.	— *Cotoneaſter.*
320.	—	7.	— *cuneifolia.* (Hirſchfeld 1784.) olim Crataegus Crus-galli.

No.				
321.	LXXIII.	8.	MESPILUS	*Xanthocarpus* (Linn. Suppl. Pl.) olim Crataegus tomentosa.
322.	—	9.	—	*Calpodendron* (Hirschf. 1783)
323.	—	10.	—	*acerifolia.* (Mihi) olim Crataegus acerifolia (Lod.)
324.	—	11.	—	*prunifolia.* (Mihi.)
325.	—	12.	—	*salicifolia.* —
326.	—	13.	—	*pyrifolia.* —
327.	—	14.	—	*rotundifolia.* (Hirschf. 1784.)
328.	LXXIV.	1.	MORUS	*alba.* ⊙
329.	—	2.	—	fr. rubro. ⊙
330.	—	3.	—	fr. nigro minori ⊙
331.	—	4.	—	*nigra.* ⊙
332.	—	5.	—	*Chinensis.* (Lod.) +
333.	—	6.	—	*papyrifera.* +
334.	—	7.	—	*rubra.*
335	LXXV.	1.	MYRICA	*Gale.*
336.	—	2.	—	*cerifera* (Du Roi.)
337.	LXXVI.	1.	NYSSA	*aquatica.* ⊙
338.	—	2.	—	*sylvatica.* (Lod.) ⊙
339.	LXXVII.	1.	ONONIS	*fruticosa.*
340.	—	2.	—	*spinosa.*
341.	LXXVIII.	1.	PERIPLOCA	*graeca.*
342.	LXXIX.	1.	PHILADELPHUS	*coronarius.*
343.	—	2.	—	*inodorus.*
344.	LXXX.	1.	PINUS	*sylvestris.*
345.	—	2.	—	*rubra.*
346.	—	3.	—	*montana.*
347.	—	4.	—	*virginiana.*
348.	—	5.	—	*echinata.*
349.	—	6.	—	*maritima.* ⊙
350.	—	7.	—	minor. ⊙
351.	—	8.	—	*rigida.*
352.	—	9.	—	*Taeda.*
353.	—	10.	—	*palustris.* ⊙
354.	—	11.	—	*Cembra.*
355.	—	12.	—	*Strobus.*
356.	—	13.	—	*Larix.*
357.	—	14.	—	*laricina.*
358.	—	15.	—	*Cedrus.* ⊙
359.	—	16.	—	*abies.* (Du Roi.)
360.	—	17.	—	*Balsamea.*
361.	—	18.	—	*americana.* (Du Roi)
362.	—	19.	—	*Picea.* (Du Roi).
363.	—	20.	—	*canadensis.*
364.	—	21.	—	*mariana.*
365.	—	22.	—	*Sibirica.* (Pallas.)

No.				
366.	*LXXXI.*	1.	Platanus	*orientalis.*
367.	—	2.	—	fol. digitatis.
368.	—	3.	—	*occidentalis.*
369.	—	4.	—	*Hispanicus.* (Miller.)
370.	*LXXXII.*	1.	Populus	*alba.*
371.	—	2.	—	fol. lobatis albissimis.
372.	—	3.	—	*tremula.*
373.	—	4.	—	amplior. fol. (Du Ham.)
374.	—	5.	—	*pendula.* (Loddiges).
375.	—	6.	—	*nigra.*
376.	—	7.	—	*italica* pyramidalis. †
377.	—	8.	—	*carolinensis.* —
378.	—	9.	—	*canadensis.* (G. et D.) Saepe heterophylla.
379.	—	10.	—	*cordifolia.*
380.	—	11.	—	*atheniensis.* (Loddiges)
381.	—	12.	—	*balsamifera.*
382.	—	13.	—	rotundifolia.
383.	—	14.	—	major, foliis lanceolatis (Mihi.)
384.	—	15.	—	foliis variegatis.
385.	*LXXXIII.*	1.	Potentilla	*fruticosa.*
386.	*LXXXIV.*	1.	Prinos	*verticillatus.*
387.	—	2.	—	*glaber.*
388.	*LXXXV.*	1.	Prunus	*domestica.*
389.	—	2.	—	fr. oblongo.
390.	—	3.	—	medio rotundo.
391.	—	4.	—	viridi.
392.	—	5.	—	maximo glauco.
393.	—	6.	—	maximo purpurascente.
394.	—	7.	—	*insititia.*
395.	—	8.	—	*spinosa.*
396.	—	9.	—	Armeniaca. †
397.	—	10.	—	fr. maximo. †
398.	—	11.	—	*Sibirica.*
399.	—	12.	—	Avium fr. nigro.
400.	—	13.	—	fr. maximo nigricante.
401.	—	14.	—	flavescente.
402.	—	15.	—	maximo flavesc.
403.	—	16.	—	Cerasus.
404.	—	17.		majalis.
405.	—	18.		fr. maximo.
406.	—	19.		aetate continue florens ac frugescens.
407.	—	20.		duplici flore.
408.	—	21.		pumila.
409.	—	22.		*paniculata.*
410.	—	23.		*Mahaleb.*

411.	*LXXXV.*	24.	PRUNUS	PADUS.
412.	—	25.	—	Virginiana.
413.	—	26.	—	nana.
414.	—	27.	—	Caroliniana.
415.	—	28.	—	*stricta.*
416.	—	29.	—	*Laurocerasus.* ✝
417.	—	30.	—	foliis variegatis. ✝
418.	—	31.	—	*Canadensis.*
419.	*LXXXVI.*	1.	PTELEA	*trifoliata.*
420.	—	2.	—	*pentaphylla.* ⊙
421.	*LXXXVII.*	1.	PYRUS	*communis* (et plurimae varietates)
422.	—	2.	—	multiplex.
423.	—	3.	—	*Pyraster.*
424.	—	4.	—	*irregularis.*
425.	—	5.	—	*Botryapium* (Linn. Suppl. Pl.) olim *Amelanchier.*
426.	—	6.	—	*arbutifolia.* fr. rubro. (Linn. Supl. Pl.) olim *Mespilus.*
427.	—	7.	—	— fr. nigro.
428.	—	8.	—	*sempervirens.* (Loddiges) ✝
429.	—	9.	—	MALUS (et plurimae varietates.)
430.	—	10.	—	*apetala.*
431.	—	11.	—	*pumila.*
432.	—	12.	—	fr. *magno albido glaciato.*
433.	—	13.	—	*coronaria.*
434.	—	14.	—	*sylvestris.*
435.	—	15.	—	CYDONIA *oblonga.*
436.	—	16.	—	*maliforma.*
437.	—	17.	—	*sylvestris.* (Gled.)
438.	—	18.	—	*lusitanica.*
439.	*LXXXVIII.*	1.	QUERCUS	*Robur.*
440.	—	2.	—	*foemina.*
441.	—	3.	—	foliis variegatis.
442.	—	4.	—	*Prinus.*
443.	—	5.	—	*rubra.*
444.	—	6.	—	foliorum sinubus obtusis. (Du Roi)
445.	—	7.	—	*palustris.* ⊙
446.	—	8.	—	minor ⊙
447.	—	9.	—	*alba.* ⊙
448.	—	10.	—	*nigra.* ✝
449.	—	11.	—	*Marylandica.* ✝
450.	—	12.	—	*Phellos.* ✝
451.	—	13.	—	fol. oblongis ✝
452.	—	14.	—	brevibus. ✝
453.	—	15.	—	*humilis.* (Wangenh.)
454.	—	16.	—	*stellata.* —
455.	—	17.	—	*cuneata.* —
456.	—	18.	—	*Cerris.* ⊙

No.			
457.	*LXXXIX.*	1.	Rhamnus *Catharticus.*
458.	—	2.	— *alpinus.*
459.	—	3.	— *Frangula.*
460.	*XC.*	1.	Rhododendron *maximum.*
461.	*XCI.*	1.	Rhodora *canadensis.*
462.	*XCII.*	1.	Rhus *Coriaria.* †
463.	—	2.	— *typhinum.*
464.	—	3.	— *Cacodendron.* (Hirschf. 1784.)
465.	—	4.	— *glabrum.*
466.	—	5.	— *canadense.*
467.	—	6.	— *copalinum.*
468.	—	7.	— *Cotinus.*
469.	—	8.	— *Vernix.*
470.	—	9.	— *radicans.*
471.	*XCIII.*	1.	Ribes *rubrum.*
472.	—	2.	— foliis variegatis.
473.	—	3.	— fructu *carneo.*
474.	—	4.	— *albo.*
475.	—	5.	— *alpinum.*
476.	—	6.	— *americanum.* fr. rubro. (Lod.)
477.	—	7.	— nigro.
478.	—	8.	— *glandulosum.* (Lod.)
479.	—	9.	— *nigrum.*
480.	—	10.	— *Uva crispa.*
481.	—	11.	— *Grossulariae.*
482.	—	12.	— fr. rubro.
483.	—	13.	— rotundo maximo.
484.	*XCIV.*	1.	Robinia *pseudo-acacia.*
485.	*XCV.*	2.	— *hispida.* †
486.	—	3.	— *Caragana.*
487.	—	4.	— *frutescens.*
488.	—	5.	— *Pygmaea.*
489.	—	6.	— *Halodendron.*
490.	*XCV.*	1.	Rosa *Eglateria.*
491.	—	2.	— *muscifera.*
492.	—	3.	— flore pleno.
493.	—	4.	— semper florens.
494.	—	5.	— incarnata.
495.	—	6.	— foliis variegatis.
496.	—	7.	— *spinosissima.*
497.	—	8.	— variegata.
498.	—	9.	— *villosa.*
499.	—	10.	— *foecundissima.*
500.	—	11.	— *lutea.*
501.	—	12.	— multiplex.
502.	—	13.	— *punicea.*
503.	—	14.	— *cinnamomea.*
504.	—	15.	— *provincialis.*

fructu rotundo.

No.				
505.	*XCV.*	16.	Rosa *provincialis* flore pleno.	fructu rotundo
506.	—	17.	— basilica.	
507.	—	18.	— *holosericea.*	
508.	—	19.	— multiplex.	
509.	—	20.	— *virginiana.*	
510.	—	21.	— *caroliniana.*	
511.	—	22.	— *pimpinellifolia.*	
512.	—	23.	— *sempervirens.*	
513.	—	24.	— *canina.*	fructu oblongo
514.	—	25.	— *alba.*	
515.	—	26.	— flore pleno.	
516.	—	27.	— *gallica.*	
517.	—	28.	— *belgica.*	
518.	—	29.	— *centifolia.*	
519.	—	30.	— *muscosa.*	
520.	—	31.	— *damascena.*	
521.	—	32.	— *pendulina.*	
522.	—	33.	— *bicolor.*	
523.	—	34.	— *alpina.*	indistincta
524.	—	35.	— multiplex.	
525.	—	36.	— *marmorea.*	
526.	—	37.	— *majalis* flore pleno. (Münchh.)	
527.	—	38.	— *hispida.* (Münchh.)	
528.	—	39.	— *pensylvanica.*	
529.	—	40.	— *versicolor.* (Du Ham.)	
530.	—	41.	— *indica.* (Lod.)	
531.	—	42.	— *meaux.* —	
532.	—	43.	— *germanica.* —	
533.	—	44.	— *francisca.* —	
534.	—	45.	— *unica.*	
535.	—	46.	— *pomponia.*	
536.	—	47.	— *Portlandica.* (Gord. et D.)	
537.	—	48.	— *Stebonensis.* —	
538.	*XCVI.*	1.	Rubus. *hispidus.*	
539.	—	2.	— *fruticosus.*	
540.	—	3.	flore albo pleno.	
541.	—	4.	— *odoratus.*	
542.	—	5.	— *occidentalis.*	
543.	—	6.	— *caesius.*	
544.	*XCVII.*	1.	Ruscus *aculeatus.* ⊙	
545.	—	2.	— *racemosus.* †	
546.	*XCVIII.*	1.	Salix *triandra.*	
547.	—	2.	— *auriculata.*	
548.	—	3.	— *pentandra.*	
549.	—	4.	— *vitellina.*	
550.	—	5.	— *amygdalina.*	
551.	—	6.	— *fragilis.*	

No.			
552.	XCVIII.	7.	Salix *babylonica.* †
553.	—	8.	— *Helix.*
554.	—	9.	— *alba.*
555.	—	10.	— *viminalis.*
556.	—	11.	— *caprea.*
557.	—	12.	— *acuminata.* (Miller.)
558.	—	13.	foliis variegatis.
559.	—	14.	— *arenaria.*
560.	—	15.	— *hermaphroditica.* (Lod.)
561.	—	16.	— *glauca.*
562.	—	17.	— *retusa.* (Lod.)
563.	—	18.	— *fusca.*
564.	—	19.	— *herbacea.*
565.	—	20.	— *myrsinites.*
566.	—	21.	— *reticulata.*
567.	—	22.	— *lanata.*
568.	—	23.	— *purpurea.*
569.	—	24.	— *aurita.*
570.	—	25.	— *rosmarinifolia.*
—	—	26.	— *anglica.*
571.	XCIX.	1.	Sambucus *nigra.*
572.	—	2.	— fructu albo.
573.	—	3.	— viridi.
574.	—	4.	— purpurascente edulі.
575.	—	5.	— foliis argenteo var.
576.	—	6.	— aureo. —
577.	—	7.	— *canadensis.*
578.	—	8.	— *laciniata.*
579.	—	9.	— *racemosa.*
580.	C.	1.	Solanum *Dulcamara.*
581.	—	2.	— foliis variegatis.
582.	—	3.	— flore albo.
583.	CI.	1.	Sophora *microphylla.* ⊙
584.	—	2.	— *tetraptera.* ⊙
585.	CII.	1.	Sorbus *Aucuparia.*
586.	—	2.	— foliis variegatis
587.	—	3.	— *domestica.*
588.	—	4.	— *hybrida.*
589.	CIII.	1.	Spartium *junceum.* †
590.	—	2.	— multiplex. †
591.	—	3.	— *scoparium.*
592.	—	4.	— *album.* ⊙
593.	—	5.	— *striatum.* (Lod.) †
594.	—	6.	— *monospermum.* ⊙
595.	CIV.	1.	Spiraea *salicifolia.*
596.	—	2.	— *alba.*
597.	—	3.	— *tomentosa.*

No.				
598.	CIV.	4.	SPIRAEA	*chamaedrifolia.*
599.	—	5.	—	*hypericifolia.*
600.	—	6.	—	*crenata.*
601.	—	7.	—	*laevigata.*
602.	—	8.	—	*opulifolia.*
603.	CV.	1.	STAPHYLAEA	*pinnata.*
604.	—	2.	—	*trifoliata.*
605.	CVI.	1.	SYRINGA	*vulgaris.*
606.	—	2.	—	purpurea.
607.	—	3.	—	alba.
608.	—	4.	—	fol. ex luteo varieg.
609.	—	5.	—	albo —
610.	—	6.	—	*persica.*
611.	—	7.	—	alba.
612.	—	8.	—	fol. laciniatis (Du Roi.)
613.	CVII.	1.	TAMARIX	*gallica.* †
614.	—	2.	—	*germanica.* †
615.	CVIII.	1.	TAXUS	*baccata.*
616.	CIX.	1.	THUJA	*occidentalis.*
617.	—	2.	—	*orientalis.*
618.	CX.	1.	TILIA	*europaea.*
619.	—	2.	—	viminibus rubris. (Lod.)
620.	—	3.	—	hollandica.
621.	—	4.	—	*cordata.* (Du Roi.)
622.	—	5.	—	*Americana* (Miller.)
623.	—	6.	—	*Caroliniana.* — ⊙
624.	CXI.	1.	ULMUS	*campestris.*
625.	—	2.	—	*sativa.* (Miller.)
626.	—	3.	—	foliis variegatis.
627.	—	4.	—	*scabra.* (Miller.)
628.	—	5.	—	*angustifolia.* (Gord. et D.)
629.	—	6.	—	*belgica.* (Lod.)
630.	—	7.	—	*Americana.*
631.	—	8.	—	*pumila.*
632.	CXII.	1.	VACCINIUM	*Myrtillus.*
633.	—	2.	—	fr. albo (varietas Mihi).
634.	—	3.	—	foliis variegatis.
635.	—	4.	—	*uliginosum.*
636.	—	5.	—	*Vitis idea.*
637.	—	6.	—	fol. varieg. (varietas Mihi.)
638.	—	7.	—	*Oxycoccos.*
639.	—	8.	—	*tenellum.* (Gord. et D.)
640.	—	9.	—	*frondosum.*
641.	—	10.	—	*virgatum.* (Lod.)
642.	—	11.	—	*amoenum.* (Gord. et D.)
643.	—	12.	—	*dumosum.* (Lod.)
644.	—	13.	—	*venustum.* —
645.	—	14.	—	*elevatum.* —

No.					
646.	*CXII.*	15.	VACCINIUM	*turgescens.*	(Lod.)
647.	—	16.	—	*mucronatum.*	(G. et D.)
648	—	17.	—	*corymbosum.*	—
649.	—	18.	—	*stamineum.*	
650.	—	19.	—	*ligustrinum.*	
651.	—	20.	—	*hispidulum.*	
652.	*CXIII.*	1.	VERONICA	*decussata.*	✝
653.	*CXIV.*	1.	VIBURNUM	*prunifolium.*	
654.	—	2.	—	*dentatum.*	
655.	—	3.	—	*Lantana.*	
656.	—	4.	—	latifolium.	
657.	—	5.	—	variegatum.	
658.	—	6.	—	*acerifolium.*	
659.	—	7.	—	*Opulus.*	
660.	—	8.	—	foliis varieg.	
661.	—	9.	—	roseum.	
662.	—	10.	—	fol. varieg.	
663.	—	11.	—	flore pleno.	
664.	—	12.	—	*Lentago.*	
665.	—	13.	—	*pyrifolium*	(G. et D.)
666.	*CXV.*	1.	VITEX	*agnus castus.*	✝
667.	—	2.	—	*latifolia.*	
668.	*CXVI.*	1.	VITIS	*vinifera.*	(et plur. var.)
669.	—	2.	—	*laciniosa.*	
670.	—	3.	—	*vulpina.*	
671.	—	4.	—	*Labrusca.*	
672.	—	5.	—	*arborea.*	
673.	*CXVII.*	1.	ZANTHOXYLUM	*clava Herculis.*	⊙
674.	—	2	—	*apifolium.*	

Ende des ersten Theils.

Fig. 2. § 40.

Baumschule von 270 □R.

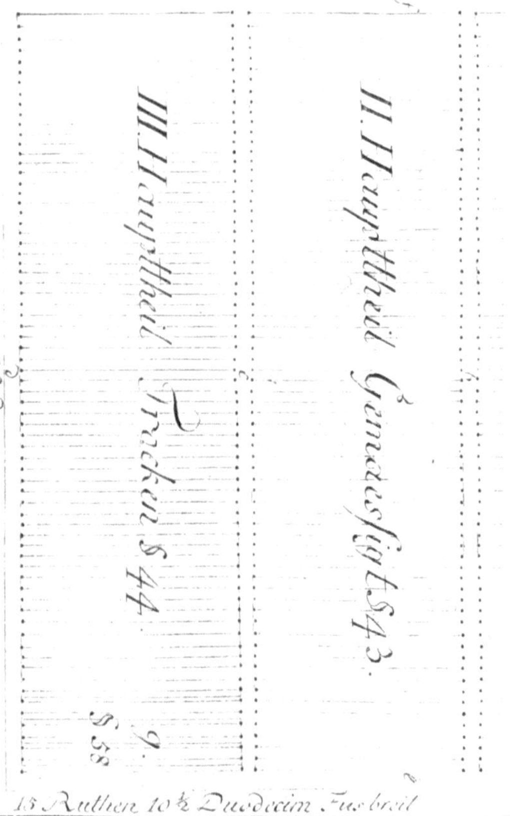

15 Ruthen 10½ Duodecim Fus breit

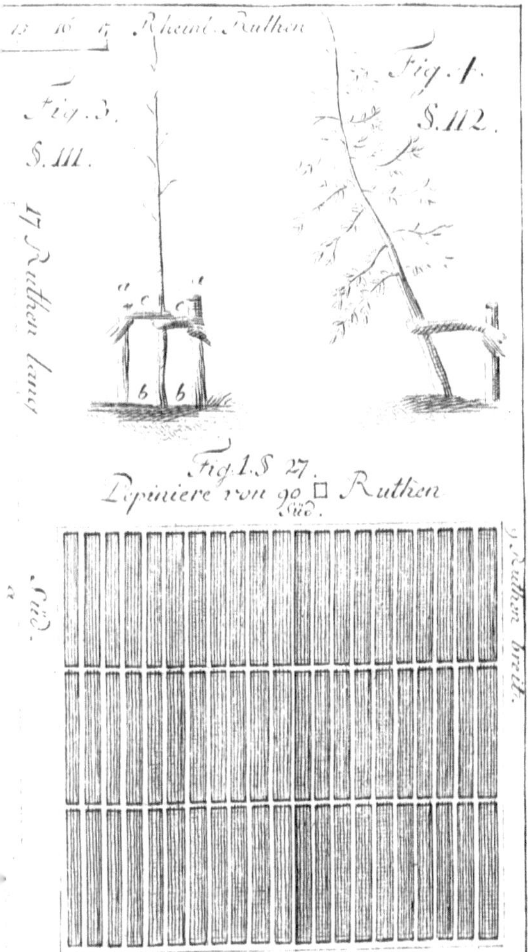
15 16 17 Rheinl. Ruthen
Fig. 3.
§. 111.
Fig. 4.
§. 112.
17 Ruthen lang
Fig. 1. § 27.
Pepiniere von 90 □ Ruthen
Süd.
Süd.
9 Ruthen breit.
10 Ruthen lang
Nord.

www.ingramcontent.com/pod-product-compliance
Lightning Source LLC
La Vergne TN
LVHW092108300926
849161LV00002B/76
* 9 7 8 3 1 1 2 6 3 6 0 1 5 *